ENNEAGRAM

九型人格

认识自我读懂他人的艺术

华 生⊙著

中国致公出版社
China Zhigong Press

图书在版编目（CIP）数据

九型人格 / 华生著. -- 北京：中国致公出版社，2017

ISBN 978-7-5145-0953-3

Ⅰ.①九… Ⅱ.①华… Ⅲ.①人格心理学—通俗读物 Ⅳ.①B848-49

中国版本图书馆CIP数据核字(2017)第023850号

九型人格

华 生 著

责任编辑：	宋修华　卜艳明
责任印制：	岳　珍
出版发行：	中国致公出版社
地　　址：	北京市朝阳区八里庄西里100号住邦2000商务中心1号楼东区15层
邮　　编：	100025
电　　话：	010-85869872（发行部）
经　　销：	全国新华书店
印　　刷：	三河市金泰源印务有限公司
开　　本：	710mm×1000mm　　1/16
印　　张：	18.25
字　　数：	227千字
版　　次：	2017年4月第1版　2017年4月第1次印刷
定　　价：	39.80元

版权所有，未经书面许可，不得转载、复制、翻印，违者必究。

目录 CONTENTS

1 带你走进九型人格 ——001

当古老星图撞上现代文明 002

解读神秘的九星图 003

九型人格与三大中心 005

九型人格的历史 008

何为九型人格 012

九型人格是经验不是理论 014

九型人格的使命 015

2 判断你的性格类型 ——019

巴纳姆效应 020

寻找你的那颗星 021

探寻自己的九型人格 024

优势还是劣势，一线之隔 030

3 黑白分明的完美者 ——031

完美者的新名字：干脆利落的"包青天" 033

他人眼中的完美者 034

完美者眼中的自己 034

完美者的身体语言 036

完美者的闪光点和不足 037

九个层级的完美者 039

想要成为完美者朋友的几种方法 046

完美者的职场攻略 048

恋爱中的完美者 052

给完美者的建议 055

4 乐于奉献的给予者 —————————————— 057

给予者的新名字：落叶归根的枫叶 059
他人眼中的给予者 059
给予者眼中的自己 060
给予者的身体语言 062
给予者的闪光点和不足 063
九个层级的给予者 066
想要成为给予者朋友的几种方法 074
给予者的职场攻略 075
恋爱中的给予者 080
给给予者的建议 083

5 不遗余力的实干者 —————————————— 085

实干者的新名字：不畏艰险的勇士 087
他人眼中的实干者 087
实干者眼中的自己 088
实干者的身体语言 090
实干者的闪光点和不足 091
九个层级的实干者 094
想要成为实干者朋友的几种方法 102
实干者的职场攻略 103
恋爱中的实干者 107
给实干者的建议 110

6 相濡以沫的浪漫者 ——————————— 113

浪漫者的新名字：难以琢磨的林妹妹 115
他人眼中的浪漫者 115
浪漫者眼中的自己 116
浪漫者的身体语言 118
浪漫者的闪光点和不足 119
九个层级的浪漫者 122
想要成为浪漫者朋友的几种方法 131
浪漫者的职场攻略 132
恋爱者的浪漫者 136
给浪漫者的建议 139

7 泰然自若的理智者 ——————————— 143

理智者的新名字：沉着冷静的CPU 145
他人眼中的理智者 145
理智者眼中的自己 146
理智者的身体语言 140
理智者的闪光点和不足 149
九个层级的理智者 152
想要成为理智者朋友的几种方法 161
理智者的职场攻略 163
恋爱中的理智者 166
给理智者的建议 170

8 赤诚相待的忠诚者 —————————— 173

忠诚者的新名字：忧国忧民的大忠臣 175
他人眼中的忠诚者 175
忠诚者眼中的自己 176
忠诚者的身体语言 179
忠诚者的闪光点和不足 180
九个层级的忠诚者 183
想要成为忠诚者朋友的几种方法 194
忠诚者的职场攻略 195
恋爱中的忠诚者 199
给忠诚者的建议 202

9 生龙活虎的活跃者 —————————— 205

活跃者的新名字：无忧无虑的跳跳虎 207
他人眼中的活跃者 207
活跃者眼中的自己 208
活跃者的身体语言 210
活跃者的闪光点和不足 211
九个层级的活跃者 213
想要成为活跃者朋友的几种方法 220
活跃者的职场攻略 221
恋爱中的活跃者 225
给活跃者的建议 228

10 运筹帷幄的领袖者 —————— 231

领袖者的新名字：带头冲锋的指挥官 233

他人眼中的领袖者 233

领袖者眼中的自己 234

领袖者的身体语言 236

领袖者的闪光点和不足 237

九个层级的领袖者 239

想要成为领袖者朋友的几种方法 246

领袖者的职场攻略 248

恋爱中的领袖者 252

给领袖者的建议 254

11 平心定气的和平者 —————— 257

和平者的新名字：温暖人心的橡皮泥 259

他人眼中的和平者 259

和平者眼中的自己 260

和平者的身体语言 261

和平者的闪光点和不足 262

九个层级的和平者 264

想要成为和平者朋友的几种方法 273

和平者的职场攻略 274

恋爱中的和平者 278

给和平者的建议 281

带你走进九型人格

当古老星图撞上现代文明

在公元前2000多年前，一个图腾般神圣的符号在历史的长河中显露出来。后来，它在历史的长河中沉淀下来。直到近几十年，人们又将这个沉淀物发掘出来，从而揭开了神秘的九角星图在人类历史中的新篇章。

古老的九角星图一共有九个角，每一个角分别代表一个数字，而每一个数字又分别代表一种人格的性格特征。也正是这个图案，为我们解读了九种性格，从而让我们更加懂得自我、了解自我、发现自我、提升自我，为我们开辟了一个全新的探索空间。

我们已无法考证古人是如何从冥冥自然中发现了这一惊人的天机，又是如何将这一天机运用到解释自我性格及个体发展上。我们不得不承认，在那个遥远而原始的时代，有这样一群先辈孜孜不倦地追求人性的本质，最终发现的人的九种性格类型，不得不说是一件惠及后人的大成就。

生活在现代的我们，踏着历史几千年的文明，研读先人的心血，不得不说是一件幸事。我们或许被生活压力所逼迫、被工作烦恼所困扰，也或许为事业成就而欣慰、为情有所属而喜悦。总之，我们在生活、工作和感情中经历着各种各样的情绪和思维变化，并且形成了一套自己独有的处事风格，但我们可能并没有意识到这是每个人的性格使然。其实在我们的心里，住着一位指挥家，它指引着我们行为的方向、控制着我们行为的动力，它不因外界环境的变化而改变或离开，而是始终如一地坚守在内心深处，它就是我们的性格的主人——九型中的一种。所以，当古老星图撞上现代文明，注定要面对自我性格的全新认识和理解。同样，现代文明因为有了古老的九角星图，才会在更多的领域绽放出鲜活耀眼的光辉。

解读神秘的九星图

九型人格，在英文中称Enneagram，又名性格形态学、九种性格。而九星图就是囊括九种性格的图标，在这个九角星的图表中我们能够揭示物质世界中任何事物的发展过程。

那我们该如何去解读这个九星图呢？可以采用两种方法，即三元法和七元法。三元法象征着任何事件在起始阶段所具有的三股力量。七元法象征着世上万物发展所必须经历的不同阶段。这两种方法准确地揭示了九角星图，当然你也可以看到这两种法则，在九型人格的结构图中被巧妙地融合到一起。

具体来说，九角星形状图是在一个圆的圆周上有9个等分点，分别标以数字1—9，数字9位于圆的最上部正中央，意在体现对称。3—6—9三个数字的位置正好构成了一个等边三角形，这个等边三角形就代表着"三元法"，它表明：事物的发生是三股力量的必然作用，而不是表面上的两种力量——原因和影响。从数学的角度来看，九角星图中由3-6-9三个尖角所构成的中心三角形可以被视为最初状态下三股力量的三位一体，其原始总量是1。用算术的方法把这个1，也就是力量统一体，分成相等的3份，得到一个无限循环数，即1÷3=0.333333……

而且，这三股力量的外在象征会随着事物发展的变化而变化，比如在事物的最初阶段出现的协调力，会随着时间的推移，将在事物发展的下一个阶段逐渐转变成主动力。因此，人们需要准确了解事物每个发展阶段中这三股力量的具体象征及相互作用，才能保证事物良好地发展下去。通过九星图，人们就能发现事物发展过程中某些隐性的方面，比如在什么时刻，事物需要注入一股新力量来维系生命力，如此才能够很好地协调这三股力量，维持整体的平衡。在事物的发展过程中，另一个法则"七元法"也开始发挥作用。"七元法"是从音乐中的八度音阶发展来的，故也称为"八音律"。熟悉音乐的人都知道，音乐中的基本音阶有7个，从Do开始循环，Do、Re、Mi、Fa、So、La、Ti（或Si）、Do，这个八度音阶所形成的"八音律"其实也代表了现实世界中事物发展的不同阶段。七元与统一的关系也可以用数学表示，用7除以1，得到一个无限循环的小数0.142857142857……其中每一位数都不是3的倍数。总之，整个"九型人格"图就是一个被分成9个部分的圆形，"三元法"和"七元法"被这个圆形融合在一起，并通过圆形内部的连接线条相互作用。

在九星图中，3、6、9构成了一个等边三角形，昭示着三位一体的理念，而其他的6个点则两两相连，构成了一个不规则的六角形，这就形成了一个完整的九星图。人们再根据早期对性格类型的分析，将九种不同的性格类型分别代入九星图中的不同数字位置，就形成了一个九型人格图。

在九型人格图中，我们把其中3—6—9号所代表的性格称为核心性格，而位于这三个核心角两侧的邻角，就被称为核心角的两翼，代表的是核心性格内化或外化的变异类型。换句话说，两翼角的性格是由核心角性格发展而来的，其中潜藏着核心角性格的特质，并具有潜在的共同特点。如3号性格的两翼——2号和4号性格,就与3号一样具有很强的想象力,6号性格的两翼——5号和7号性格,则与6号一样多疑且充满恐惧心理。心理学家根据三种核心性格及其两翼的特征,又进一步将九型人格分成了3个三元组。

1. 情感三元组——遇事时的直接反应是源于情绪、感觉和感情

   核心性格——3号实干型内化—4号浪漫型外化—2号给予型

2. 思维三元组——遇事时的直接反应是源于分析、了解和归纳

   核心性格——6号忠诚型内化—5号理智型外化—7号活跃型

3. 本能三元组——遇事时的直接反应是用即时行动去解决问题

   核心性格——9号和平型内化—1号完美型外化—8号领袖型

需要注意的是,在九星图中,只有3—6—9号角的两翼是其内化或外化的表现,而其他角的两翼则不存在这样的关系,例如8号性格的两翼7号和9号性格,就不是8号内化和外化的表现。不过即便如此,任何角的两翼都非常重要,因为它们同样会对中心角的性格产生影响,例如4号性格既可能偏向5号性格,将所有的事闷在心里,也可能偏向3号性格,以积极亢奋的外在表现来掩盖内心深处的抑郁。

九型人格与三大中心

研究九型人格的两位大师葛吉夫和伊察索曾指出,在我们每个人的身体里存在三种智慧,它们分别是精神智慧、情感智慧和本能智慧,也就是人的三个人体:

1. 产生精神智慧的是思维的中心——大脑;

2. 产生情感智慧的是感觉的中心——心脏；

3. 产生本能智慧的是身体的中心——腹部。

在此基础上，美国一位研究九型人格的著名学者凯伦·韦布在自己的著作《九型人格：重现古老的灵魂智慧》一书中将九型人格归为3类：

1. **脑中心**：或者称为思考中心，以思考和理性为导向，产生精神智慧的是思维的中心，包括5号、6号和7号人格。脑部中心是我们思考的所在，其任务有分析、记忆、投射有关他人和事件的观念，以及计划未来的活动等。如果一个人是5、7、8号等以头脑为主的人格类型，那么便具有以思想来回应生活的倾向，这类人在看待世界时往往会受到心理能力的影响。具有这些人格的人们往往具有鲜明的想象力，以及分析和联结观念的绝佳能力，他们懂得运用心理能力来尽可能地减少焦虑，控制潜在的麻烦，以及通过分析、想象、预测和计划来获得一种确定的感觉。也就是说，在任何时候，这些类型的人们都能在自己的思考中获得全然的满足。思考对这些类型的人而言（通常是无意识的）是处在这个具有潜在威胁的世界中，防患未然的一种方式。

2. **心中心**：或者称为情感中心，以感受和感性为导向，产生情感智慧的是感觉的中心，包括2号、3号和4号人格。

心中也是我们体验情绪的地方，借由那些无言的感官经验，告诉我们有什么感觉，而非我们对事情的想法。心的情绪范围从最强烈、戏剧化到最细微、几近无声的感觉都有。我们从这个中心感觉到和他人的联系，以及一种追求爱和充实的渴望。

如果你是2、3、4号等以心为主的人格类型，在看待世界时往往会受到情商的影响，喜欢通过关系在社会运作，有时候被称为"形象类型"，因为他们在乎别人的眼光，以及它和自己的关联。具体来说，这些人格类型的人会使自己的情绪、感受与别人保持一致，从而维持自己与别人之间相互联系的感觉。不论别人是否意识到，他们都能快速地感受别人的需要或心情，并加以回应。因此可以说，这些类型的人们比其他人格类型的人们更加依赖别人的承认和看法，因为他们需要这些来支撑自己的自尊和被爱的感觉，使自己得到持续不断地承认和关注。

3. **腹中心**：或者称为腰中心，以行动为导向，产生本能智慧的是身体的中心，包括8号、9号和1号人格。

腹部中心（有时也称为身体中心），与思考、感觉相对照起来，这个中心是我们本能的焦点，也就是存在感。我们从肉体体验到和人群、环境的关系，都是通过这个中心产生的，这是我们在物质世界中行动所需的能量和力量来源。这个中心的所在位置，即中国传统中医学所称的丹田，也就是禅修的焦点。

如果你是8、9、1号等以腹部为主的人格类型，常常把焦点放在存在本身，具有以行动"存在"这个世界的倾向，在看待世界时往往会受到身体感觉和内在本能的影响。也就是说，这些人格类型的人们会运用自己的地位和力量去过自己想过的生活，而且他们所独具的出世策略可以保证他们在这个世界中的位置，而且还可以将不适应感降到最低。

然而，生活中的许多人常常忽略了自己的本能智慧，也就是说腹部中心的活动基本上是毫无察觉的，但我们可以从三个基本方面感受它的影响，这三个方面就是：身体生存（自我保护）、情爱关系和社会生活关系。

一位九型人格的大师曾说过一个故事：一个放牛娃坐在一个三脚凳上挤牛奶。牛奶代表了收获的知识和生活的营养。三脚凳的一条腿坏了，于是放牛娃在挤牛奶的时候，他关注的并不是牛奶，而是凳子的那条坏腿。这个故事以我们生活中最常见的物品来描述人的性格的关系，是想要告诉我们每个人都拥有三种最基本的关系领域，其中一种关系比其他两种更容易受到伤害。当我们的某一种关系受到损伤时，我们就会在精神上格外关注这个方面，以缓解由此引起的焦虑。所以我们要注意散着的关系，大脑、心脏、腹部，每个人都能拥有这三种智慧，并将其运用在生活之中，但是我们不能将其看得比较狭隘，否则只会将自己困到思想的牢笼之中。

九型人格的历史

说起九型人格的历史发展，那就要从很早说起了，如果你非要追根究底地去挖掘九型人格的真正起源，那肯定是一件非常困难的事情，因为九型人格的起源已经很难从历史的长河中去找寻它的痕迹了。现在我们所熟知的九型人格大多都是依靠人们口口相传沿袭下来的，它并没有留下太多有关自己历史渊源的文字记录。

当然如果你想通过询问他人得到结果，估计也不容易完成这个项目，因为没有人真正知道九型人格究竟是谁发明的或者确切来自哪个国度。只有少许的专家曾指出，九型人格曾在10世纪到11世纪的伊斯兰神秘主义教派苏菲教的某些教团中出现过。也有专家指出九型人格的核心理论，最早并不是出现在伊斯兰，而是出现在古埃及这个地区。但是无论是哪种言论，现在都没有史实进行考证。

根据现在人类书籍上所显示的材料来看，九型人格最早在公元前2500年的巴比伦帝国或中东地区出现，这些学派的分布范围从西部的北非一直延伸到东部的巴基斯坦，还包括了不同文化与地域的哲学内涵和实用方法。然后，通过毕达哥拉斯学派和新柏拉图主义者流传至希腊。公元400—500年间，由沙漠教父传播至埃及，也是由此和教会中的"七宗罪"而产生联系。

14—15世纪后,九型人格被苏菲教派用来作为管理族群的重要工具,也是由族长们代代口述相传。以心理学的历史来推算,九型人格可以算是历史上最早的性格心理学之一了。

1910—1930年,著名的心理学家、哲学家、探险家、精神导师乔治伊万诺维奇·葛吉夫,将九型人格这种属于苏菲教派的口头传播系统吸收过来,用于自己的教学实验中。也正因如此,这门已经流传千百年的学科才被西方人所认识。

在此,不得不重点提一下两位将九型人格真正发扬光大的导师——乔治·伊万诺维奇·葛吉夫和奥斯卡·伊察索。九型人格发展至今,最有效的流通方式依然是交谈传播(授课),葛吉夫和伊察索在其中奠定了非常重要的基础。

尽管从许多资料和书籍中可以找到葛吉夫的生平事迹及思想来源,但葛吉夫本人仍旧带有许多神秘色彩,有人说他只不过是一个江湖骗子,有人则说他是一位灵修导师和应用心理学家,即便如此,葛吉夫的重要性也被大大低估了。种种迹象表明,这不过是葛吉夫给自己营造的一种神秘莫测的氛围。无可否认的是,他对九型人格在当今社会的传播,起着十分深远的影响。直到他去世后,他的学生们也一直努力传播着其庞大而复杂的思想体系。

俄国革命前,葛吉夫一直在圣彼得堡和莫斯科集中讲授九型人格,然后在巴黎城外枫丹白露附近的"人类和谐发展研究所"创立了学校。从此,九型人格也随着葛吉夫一起来到巴黎、伦敦、纽约及世界各地,从而传播开来。

詹姆斯·韦布在《和谐之圈》这本书中这样描述:葛吉夫的九柱图是一个被9等分的圆周,9等分的9个点连接起来形成了一个三角形和一个不规则的六边形。葛吉夫说,三角形代表了更高力量的所在,六边形则代表了人。他还声称,九柱图是他的教学所独有的理论体系。"这个符号体系在'神秘主义'的研究中是不可能见到的——不论是在著述，还是在口传的教义中。"奥斯本斯基在谈论葛吉夫时说，"只有了解它的那些人（例如他的苏菲教派教师）才会赋予它如此重要的意义，他们认为应该把它的知识当作秘义保存下来。"由于葛吉夫对这个图形极度强调重视，于是他的追随者到文献中去寻找这个符号体系。结果，根本不可能找到它，即使事实上是葛吉夫的追随者们发现了这个图形，他们也会缄默不语。

葛吉夫本人属于8号型性格（在后面的性格介绍中会详细了解8号型的特质），他传授九型人格的方法和他的性格特征极为符合。事实上，葛吉夫并不相信他的学生们能够完全掌握九型人格的精髓，但他还是做了许多努力来加深他们对九型人格的认识。葛吉夫经常会使用"触犯他人痛处"和"向同胞敬酒"这两种方法来引导九型人格的传播发展。"触犯他们痛处"这种教学方法是发觉学生们性格中最敏感的地方，然后攻击那里，直到获得回应。他写道：攻击他人最敏感的地方对我的工作十分有效。每个遇见我的人都受到这种方法的影响，无需我费力，他们就能非常高兴地主动放下父母赋予他们的面具。感谢这种方法，让我能够不慌不忙地以一种平常心态来窥探他人的内心世界。

"向同胞敬酒"是另一种将性格观念教授给学生们的方法。葛吉夫的学生都被他训练出一定的酒量，因为他们会被要求向不同性格的人敬酒，透过对对方的回应感受对方的性格特征。敬酒的同时，葛吉夫也会指出某类客人所共有的气质特征。

伊察索是将九型人格理论完美整合的关键人物之一。他出生在玻利维亚，在玻利维亚和秘鲁长大，后来为了学习举家搬迁到了布宜诺斯艾利斯。在他年轻时期曾经接触到一个灵修学派，此后，他在亚洲各国旅行，收集各种知识，然后回到南美，将他所学的知识整合起来。直至20世纪60年代末到70年代初，经过多年的发展逐渐成熟之后，他在智利开办了阿里卡学院来传授他的知识。随后他又搬迁到美国,居住至今。1970年,当他还住在南美的时候,包括著名心理学家及作家克劳迪奥·纳兰霍和约翰·利利在内的一群美国人来到了他的阿里卡学院,跟随他学习和实践他的知识。阿里卡学院是一个教授心理学、宇宙学以及灵修类学科等精神学说的庞大而复杂的综合体,并结合了一些有助于改变人们意识的实践活动。在阿里卡学院伊察索确实传授了相当多的传统理论,但可以将这些理论和当时的九柱图联系起来,伊察索功不可没。

九型人格的哲学原理虽然包含了犹太神秘主义、天主教、伊斯兰教、道教、佛教以及古希腊哲学(尤其以苏格拉底、柏拉图和新柏拉图主义者为代表)等向远古探寻的传统,但有些九型人格专家们也认为,传统九型人格理论最早只能追溯到20世纪60年代,即伊察索第一次传授这门理论的时候。事实上,伊察索教给他学生们的是一套108九型人格系统。实际上,早在美国的九型人格发展以前,有四个尤为重要的课题在流行,即"私欲的九柱图"、"美德的九柱图"、"固执的九柱图"以及"神圣理念的九柱图"。

葛吉夫和伊察索,这两位在九型人格理论传播道路上有着深远意义的导师,虽然他们在传播九型人格的过程中各自发挥了不同的作用,但异曲同工之处就是,他们都培养出了许多优秀的九型人格大师,也让我们看到了九型人格在不同领域的应用,这些都是值得我们感恩和怀念的重要功绩。

九型人格发展至今,美国的科学家们之所以能够被公元前两千多年的神秘学科深深吸引,主要是因为九型人格在心理学上有着极为深刻的洞察力。然而,这当中也有人深深怀疑,不禁问道,人格真的可以分成9种吗?不会有人同时具备两种或更多的人格类型吗?这个问题,天主教的神父和神学家们在证实"人的性格分9种类型,各种类型的人数均等"上贡献尤为突出。他们费时数年,访问了大约10万人,并且对其中3万人进行长期的追踪调查和临床研究。结果与九型人格的理论完全一致。即使是那些在最开始不知道属于哪一类型的人，在课堂中经过反复学习和讨论后，最终都能确定为某一种类型性格，而且各种类型性格的人数比例恰好是9等分。

至今许多国家都已经承认了九型人格这一心理学，从工薪阶层到家庭主妇，许多人对九型人格都有了不同的认知和认可，他们相信九型人格可以当作自己工作和学习的指南，并照着去做。也正是由于人类的各种职业不同，九型人格在人类的发展中也涉及了许多领域，如商业谈判、人事管理、教学培训等各行各业，只要他们对九型人格给予信任，并加以运用，你就能看到九型人格的踪影。

那是在1991年，在美国斯坦福大学曾经召开了一次关于九型人格的研习会，当时来了四千名学者和参加者一起讨论九型人格的问题。在两年之后，也就是1993年，斯坦福大学首次开设了一门关于九型人格的课程，名叫"人格、自我认知与领导"，第一次将九型人格放入教学课程中，也是第一次将九型人格作为斯坦福大学的必修课程。自此之后，九型人格在人类社会中运用得越来越广泛，人们对九型人格的可信度也逐渐提高，九型人格的发展也更加迅猛。

何为九型人格

每个人都生活在同一个社会之中，我们吃着同样的食物，喝着同样的水，虽然所处的自然环境是如此的相同，但是每个人的性格由于社会环境的不同而千差万别。所以这就需要我们在日常生活中去了解他人的内心，因为只有这样才能解决自己与他人打交道时所面临的困难。在我国古典小说《水浒传》中就为我们展现了一百零八种性格特征的人物，他们性格不同却生活在一起，就像是现代生活一样，每个人都有不同的性格，都生活在这个大社会之中，所以我们要懂得去了解每种人的性格。

如果你想去了解不同人的性格，不如先听我说完一个故事，然后再为你讲述这不同的性格特点。有一天，一个贵妇人带着一只品种名贵的狗来到餐厅，对此，不同类型的人可能就会有不同的反应。

甲可能会想：这个女主人真是自私，餐厅是用餐的地方，带宠物进来，太不卫生了。

乙的反应可能是：看见狗后立即走开，尽可能不让狗在自己身旁。并不是因为他讨厌狗，而是他意识到那只狗有可能突然发狂，袭击路人。意外是不可预测的，还是小心为上。

丙看到这么可爱的狗，可能忍不住上前去逗逗它。

可见，对于同样一件事，不同类型的人即时的想法及感受竟然会有那么大的差异！这正是因为他们的性格导致的，"内因"不同，导致他们拥有不同的"世界观"，对每一事物均有着不同的着眼点和理解方式。

其实在我们的生活中，可以根据每个人的思维、情绪、行为的不同，将人们大致分为九种类型，分别是完美者、给予者、实干者、浪漫者、理智者、忠诚者、活跃者、领袖者、和平者。每种类型的人都有自己的独特之处，我们可以通过他们的内心去发现他们最真实、最根本的需求和渴望。

那么，接下来就为大家详解这九型人格。

第一型完美型：追求完美者、原则和秩序的捍卫者、改进型。

第二型给予型：博爱型、成就他人者、给予型、爱心大使。

第三型实干型：实干家、实践者、成就者。

第四型浪漫型：艺术家、自我主义者、浪漫型。

第五型理智型：理智者、思考型、理智型。

第六型忠诚型：谨慎型、忠诚者、寻求安全者。

第七型活跃型：享乐者、创造者。

第八型领袖型：领袖者、挑战者、权威型。

第九型和平型：和平主义者、追求和谐型、平淡型。

根据这套学说，我们也就能解释例子中甲乙丙的不同反应了，更能明白在我们的生活中，为什么有些人总是那么勇敢、勇往直前；为什么有些人喜欢原地踏步；为什么有些人总希望能成为人群中的焦点；而有些人则好像浑身长满了刺，对他人保持较高的警惕性等。

当然，九型人格理论所描述的九种人格类型，并没有好坏之别，只不过是不同类型的人回应世界的方式具有可被辨识的根本差异而已。

九型人格是经验不是理论

曾经九型人格只在中国香港和中国台湾地区盛行，而现在它已经传到了中国大陆。随着这方面的宣传和书籍的增多，人们对九型人格的认识和了解也就更多了，但是人们对九型人格的见解却有所不同，最大的争论点便是"九型人格是经验"和"九型人格是理论"这两大观点。我们认为九型人格是经验，而并不是枯燥的理论。

曾经有一个俄国人为了探索人类文明的成果，便在1875年带着一些学者去阿拉伯一带探索。当他们探索了一段时间后，发现了一个神奇的事情，那就是在许多的山洞里面，都刻有九柱图，他们对这个现象感到十分好奇，便去询问当地的老者。从一些老者的口中，他们才得知，这些图原来是游牧民族发明的一门研究人的性格的学问。

原来，这些学者所到达的地方并不是阿拉伯一带，而是来到了中国游牧民族生活的地区，当时的游牧民族需要不断去学习，所以学会与人交往是极其重要的，他们需要用不同的方法去和不同的人进行交往，需要不同的新邻居去接纳他们。于是，在长期的经验值中，他们总结出一套关于九种人格的交流方法。九型人格可以帮助他们观察原住民的喜好，分析原住民的性格类型，然后投其所好。从这里，我们也可以看出九型人格是一种非常实用的经验，而不是理论。为此，我们需要对九型人格中的九柱图进行一番分析。

人们原本认为，表达性格的九个数字是客观的，并没有人情味，于是人们才根据各个类型性格给它们冠上了名称，这就是九型人格的由来。

对九柱图的说明如下。

圆代表性格的整合：也就是说无论做哪一行，只要你能发现自己的职责所在，你就拥有无尽的能量，你的专长也会被淋漓尽致地发挥出来，你会有一种充实感。事实就是这样，找到自己的擅长点，你做起事来就会游刃有余。

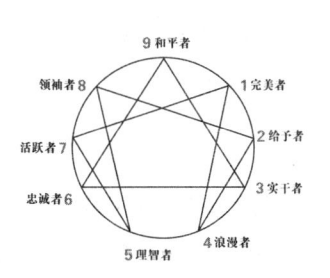

九型人格的使命

三角形代表天时、地利、人和：这表明，在我们的一生中，有一些是与生俱来的特性；而有一些是可以改变的，天生不可改变的有性别、相貌、出生年月等；而可以改变的有工作、学历、配偶、生存方式等。

六边形代表变化无穷。九型人格是一种经验，而不是理论，因此，光看人格的书是无法将其应用于实际生活中的。九型性格之所以复杂，并不只是表现在性格的不同上，还表现在各种类型在顺境和逆境中的表现也不完全相同。另外，心态不同也会有完全不同的表现。也就是说，生活中我们常会发问：性格相同的人，为什么会有这样不同的表现？

事实上，每个号码内心的动机是不会变的，只有外在的表现在顺境和逆境中会有改变。在这些连线中，箭头的正方向是整合，是顺境中的表现，如九号在顺境中会有三号的一些好的特征；箭头的反方向是分解，是逆境中的表现，如九号在逆境中会有六号的一些不好的特征。

你有没有留意，从小到大，有些事你特别擅长，特别喜欢，而有些事你特别不擅长，特别不喜欢，这是因为你从一出生就拥有了自己的人生主题，也就是带着特殊的使命。

在九型人格中，每一种人格都有着不同的使命。

一号说，我的使命是公正和善良；

二号说，我的使命是把爱带给人间，我的世界就是爱的世界；

三号说，光有公正、善良和爱还不够，我的使命是建功立业，我把成就带给了这个世界；

四号说，我的使命是把独特的美带给人类，我的一生都在不断创新，创造独特、另类的东西；

五号说，你们做了这么多事，谁来帮你们归纳总结呢？我来吧，我把所有人的经验归纳总结成书，把知识带给世界；

六号说，我带来了一个算式，1加1等于几？如果1加1用好了就等于无穷大，所以我把忠诚带给这个世界；

七号说，你们又是成就，又是忠诚，那我把快乐带给大家吧，我的使命就是快乐；

八号说，你们干这个，又干那个，谁来领导你们呢？我来领导你们吧，所以我是要做指挥者的，我的使命就是权势；

九号说，我来之前，一个八号带着一帮人在建立自己的王国，另一个八号也带着一帮人在建立自己的王国，两个王国一旦接壤就有冲突，所以我摇着橄榄枝来到了这个世界，把和平带到了这个世界。

每一种人格都有自己的特殊使命，这个特殊的使命就好像我们内心的一团火，是我们内心的激情。

我们都是带着特殊的使命来到这个世界的，因而我们的号码是一生不变的，就像出生日期永远不变一样。我们的使命决定了我们的取向，决定了我们善于做什么，不善于做什么。

判断你的性格类型

巴纳姆效应

在现实生活中，我们可以看到许多的性格测试工具，每一次的测试都让我们感觉是那么的准确，我们会为之迷惑，为什么会这么准呢？其实，只要你细心去观察，就会发现他们竟是如此的相似。为什么会如此的相似呢？

举个例子，我们在市面上经常会看到许多通过血型判断性格的书籍和测试，诸如里面会说到：A型血的人会一丝不苟，B型血的人我行我素等等。但是，我想说的是，通过血型判断性格并没有任何科学根据，而且在国际心理学组织那里也没有获得认可。同时，也有大量的科学数据表明，血型判断性格的学说在很多情况下是不准确的，科学家也并未在血液中找到能够左右性格的因子。只是，据统计学发现，不同血型的人在性格因素上存在着一定的差异，例如O型血的人比A型血的人某性格要素高出1.3倍等。然而，这种差异度很难证明血型与性格之间存在着关联。本来适用于任何人的一般性描述，可人们偏偏会认为那是在描述自己。那到底是什么原因导致很多人觉得血型判断性格好像很准确呢？原因就是心理学里所讲的"巴纳姆效应"了。

曾有心理学家做过一项实验，将原本是A型血性格的描述，说成是B型血的性格，然后拿给B型血的人去看，结果竟然有B型血的人真的觉得这是在说自己，觉得这是在描述自己的性格。当我们听到别人说自己"渴望得到别人的认可"、"渴望成功"等的时候，即使我们觉得这并不是太适合自己，一般也很少去辩论、反驳，大多数时候，我们都会表示认同。事实上，这种心理效应是会产生很大的负面效应的。

其实巴纳姆效应并不只是出现在血型决定性格的学说里，在生活当中我们也经常会遇见，例如算命、被人夸奖、被人冤枉，包括做性格测试题等。我们很容易戴上有色眼镜去看待某事和某人。

那我们在生活中该如何消除巴纳姆效应呢，首先我们要找到消除巴纳姆效应的关键点，那就是我们要冷静去面对，透过事物的表面去看清他们的本质，或者用自己的内心去感受，这样我们内心的感受才是最真实的，而不仅仅只是单纯地去看问题的表面，即便是我们通过行为去看性格，那也是有失客观的。所以，我们不能被这些问卷上那些笼统的题目所迷惑，就像是当别人问你："你是不是一个有爱心的人？"这时候你就要思考了，"有爱心"和"无私"是两回事，而他们所说的有爱心和你的行为是不是也是两回事呢。

寻找你的那颗星

九角星图，由九条线、九个角和一个圆组成，别看他们只有这几个基本的线条组成，但是他们却囊括了人们的所有性格。那你想不想知道自己是属于哪种性格的人呢？九角星图中哪一条线、哪一个角是属于你的呢？

正如下面的这个例子很好地阐述了九型人格的分类：在一次大型的招聘会上，会聚了300多家企业前来招聘优秀人才，企业类型涉及电子、化工、教育、科研、管理等多个领域，条件看上去也很诱人。会场一角，在众多被吸引而来的应聘者中，有这样几个人引起了我们的注意。A应聘者穿着得体，银色西装，配着粉色领带，皮鞋也擦得油光闪亮，手拿公文包，一副严肃认真的表情；而他旁边走来的B则与他形成了鲜明的对比，穿着休闲装，手上捏着几份简历，左顾右盼地走向一个应聘摊位。突然不知眼前的什么事物吸引了B，他疾步朝前走去，目光显然被前方的某一事物吸引着，就这样冒冒失失不小心撞上了迎面而来的A，A的公文包应声而落，里面的一叠简历洒落出来，B连忙道歉并弯腰去捡，可是冒失的他又不小心踩到了其中的几张，制作精美的简历上立刻出现了令人沮丧的脏脚印。A看见自己精心制作的简历被弄脏，脸上显现出了生气的表情，即使这时B连声道歉，A还是忍不住说了："你应该小心一点啊，这些被弄脏的简历我就不能再用了，否则会显得对用人单位不尊重。我只能再重新印一些了。我看你也是来应聘的，这样冒失怎么能给人留下好印象呢？你应该多注意一下自己的言行，何必这样急急忙忙的呢？"B连忙解释："实在对不起，我只是看见那边有个圆柱形的东西没见过，感觉它挺有意思的，想过去看看那是什么，不小心撞到了你。""那你也应该先办正事，等应聘结束了再去看个究竟啊。"A不禁反问，这时B笑嘻嘻地说："急什么，反正应聘一时半会儿也不会结束，再说现在人这么多，我去了说不定就是给别人垫底的，先去玩一下等人少一点儿再来也行啊，我实在想看看那是什么。"

他们对话的时候，站在旁边等待的C听了忍不住插话对A说："你们不要争了，这没什么的，你把简历用橡皮擦一擦，上面的污渍就会擦干净的，应该还能继续用。"然后又转头对B说："你要是真的很想去看就先去吧，我可以先帮你在这里排着队，不过你要快一点哦。"这时A收起简历朝一个角落走去，处理那些污渍并整理自己的着装去了，B则连声道谢然后兴高采烈地去研究他的新发现，C微笑着留在原地看着他们的背影继续排队。

这时，一直在旁边不露声色的D看着他们3个人的背影，微微点头，若有所思地轻声自语道："嗯，的确是这样。"

A、B、C、D四个人在招聘会上的行为迥异不同，表现出了他们自己的特点和风格，这些特点是发自内心不受外界干扰的。我们用九型人格理论来审视他们的表现就不难看出，他们是4种完全不同类型的人，A事事追求完美，行事之前必定先做好充分的准备，对自己的言行遵从"非对即错"的原则，一点点小的失误都会让他在心底里责怪自己，并且他喜欢用自己的标准去审视别人，希望别人也能按照规章制度或一定的准则去办事，所以A应该是典型的完美者。而B对身边新奇的事物有强烈的好奇心和求知欲，喜欢快乐、轻松的环境，对应聘这种比较严肃压抑的场合有种天然的排斥，甚至对它的重视程度还比不上会场上一件新鲜好玩的事。他总觉得只要自己开心就好，人生就是要找寻快乐、享受快乐，如果为了达到某些目的而要牺牲自由和享乐那还不如放弃。这就是我们生活中存在的一种典型人物——活跃者。C在A和B略带尴尬地谈话时及时插进来，想通过自己的言语说服双方不要争执、不要埋怨，即使有矛盾也可以商量着解决，毕竟在这样的场合和谐一点儿对大家都好。所以他才竭尽全力地劝解别人来缓和双方的矛盾，并付出自己的一些行为从而获得皆大欢喜的结局，这应该是九型人格中和平者的代表了。

而一直在旁沉默不语的D，其实也全程参与了这次小小的风波，只不过天性镇定的他更加习惯于在角落里安静地聆听和观察，他十分理性且善于思考，对任何事情都希望能够分析出本质所在或者分析出条理，从而对整件事获得宏观的把握和理解。他看见其他三个人的表现，冷冷地说了一句"的确是这样"，说明他已经了解了事情的整个过程，也分析出了三个人各自的性格特点，所以对自己的分析感到满意从而发出感慨，我想这无疑是告诉我们，他就是那种理智又冷静的理智者。

在我们的人生中有许许多多的招聘会，会遇到各个不同类型的人，所以我们首先要懂得自己，要知道自己是哪一种性格的人。在茫茫人海中，总会有属于自己的那一颗星，不如都来找找属于自己那颗最闪亮的星。

当夜幕降临的时候，天空就像是一层黑布。满天的星星就像是砖石一般璀璨夺目，当我们抬头仰望星空的时候，便会发现那点点繁星温润可人，时而半躲半藏令人喜爱，时而又绽放出令人向往的神韵。当我们行走在夜空中的时候，就会发现有颗星是那么地明亮，它指引着我们走进一个神奇的国度，它让你的眼睛更加明亮，能在漆黑的夜中找到自己的人生路。

许多人都渴望找到自己的那颗星，那么在性格天空的九颗星中的哪一颗才是真正属于你的呢？让我们在接下来的章节一起去寻找属于你的那颗星。

探寻自己的九型人格

☐ 1我很容易迷惑。9
☐ 2我不想成为一个喜欢批评别人的人，但很难做到。1
☐ 3我喜欢研究宇宙的道理、哲理。5
☐ 4我很注意自己是否年轻，因为那是找乐子的本钱。7
☐ 5我喜欢独立自主，一切都靠自己。8
☐ 6当我有困难时，我会试着不让别人知道。2
☐ 7被人误解对我而言是一件十分痛苦的事。4
☐ 8施比受会给我更大的满足感。2

- ☐ 9我常常设想最糟的结果，从而使自己陷入苦恼中。6
- ☐ 10我常常试探或考验朋友、伴侣的忠诚。6
- ☐ 11我看不起那些不像我一样坚强的人，有时候我会用种种方式羞辱他们。8
- ☐ 12身体上的舒适对我非常重要。9
- ☐ 13我能触碰生活中的悲伤和不幸。4
- ☐ 14别人不能完成他的分内事，会令我对其失望和愤怒。1
- ☐ 15我时常拖延问题，不去解决。9
- ☐ 16我喜欢戏剧性、多姿多彩的生活。7
- ☐ 17我认为自己的性格非常不完善。4
- ☐ 18我对感官的需求特别强烈，喜欢美食、服装、身体的触觉刺激，并纵情享乐。7
- ☐ 19当别人请教我一些问题时，我会巨细无遗地给他分析得很清楚。5
- ☐ 20我习惯推销自己，从不觉得难为情。3
- ☐ 21有时我会放纵和做出僭越的事。7
- ☐ 22帮助不到别人会让我觉得痛苦。2
- ☐ 23我不喜欢人家问我过于广泛、笼统的问题。5
- ☐ 24在某方面我有放纵的倾向（例如食物、药物等）。8
- ☐ 25我宁愿适应别人，包括我的伴侣，也不会反抗他们。9
- ☐ 26我最不喜欢的一件事就是虚伪。6
- ☐ 27我知错能改，但由于执着好强，周围的人还是感觉到压力。8
- ☐ 28我常觉得很多事情都很好玩，很有趣，人生真是快乐。7
- ☐ 29我有时很欣赏自己充满权威，有时却又优柔寡断，依赖别人。6

☐ 30 我习惯付出多于接受。2

☐ 31 面对威胁时,我一边变得焦虑,一边对抗迎面而来的危险。6

☐ 32 我通常是等别人来接近我,而不是我去接近他们。5

☐ 33 我喜欢当主角,希望得到大家的注意。3

☐ 34 别人批评我,我也不会回应和辩解,因为我不想发生任何争执与冲突。9

☐ 35 我有时期待别人的指导,有时却忽略别人的忠告径直去做我想做的事。6

☐ 36 我经常忘记自己的需要。9

☐ 37 在重大危机中,我通常能克服对自己的质疑和内心的焦虑。6

☐ 38 我是一个天生的推销员,说服别人对我来说是一件容易的事。3

☐ 39 我不会轻易相信一个人,我一直都是无法了解的人。9

☐ 40 我喜欢依惯例行事,不大喜欢改变。8

☐ 41 我很在乎家人,在家中表现得忠诚和包容。9

☐ 42 我被动而优柔寡断。5

☐ 43 我很有包容力,彬彬有礼,但跟别人的感情互动不深。5

☐ 44 我沉默寡言,好像不会关心别人似的。8

☐ 45 当沉浸在工作或我擅长的领域时,别人会觉得我冷酷无情。6

☐ 46 我常常保持警觉。6

☐ 47 我不喜欢要对人尽义务的感觉。5

☐ 48 如果不能完美地表现,我宁愿不说。5

☐ 49 我的计划比我实际完成的还要多。7

☐ 50 我野心勃勃,喜欢挑战和登上高峰的感觉。8

- □ 51我倾向于独断专行并自己解决问题。5
- □ 52我很多时候感到被遗弃。4
- □ 53我常常表现得十分忧郁的样子,充满痛苦而且内向。4
- □ 54初见陌生人时,我会表现得很冷漠、高傲。4
- □ 55我的面部表情严肃而生硬。1
- □ 56我的情绪飘忽不定,常常不知自己下一刻想要做什么。4
- □ 57我常对自己挑剔,期望不断改善自己的缺点,以成为一个完美的人。1
- □ 58我感受特别深刻,并怀疑那些总是很快乐的人。4
- □ 59我做事有效率,也会找捷径,模仿力特强。3
- □ 60我讲理,重实用。1
- □ 61我有很强的创造天分和想象力,喜欢将事情重新整合。4
- □ 62我不要求得到很多的注意力。9
- □ 63我喜欢每件事都井然有序,但别人会认为我过分执着。1
- □ 64我渴望拥有完美的心灵伴侣。4
- □ 65我常夸耀自己,对自己的能力十分有信心。3
- □ 66如果周遭的人行为太过分时,我定会让他难堪。8
- □ 67我外向,精力充沛,喜欢不断追求成就,这会使我的自我感觉良好。3
- □ 68我是一位忠实的朋友和伙伴。6
- □ 69我知道如何让别人喜欢我。2
- □ 70我很少看到别人的功劳和好处。3
- □ 71我很容易知道别人的功劳和好处。2
- □ 72我嫉妒心强,喜欢跟别人比较。3

☐ 73我对别人做的事总是不放心，批评一番后，自己会动手再做。1

☐ 74别人会说我常戴着面具做人。3

☐ 75有时我会激怒对方，引来莫名其妙的吵架，其实是想试探对方爱不爱我。6

☐ 76我会极力保护我所爱的人。8

☐ 77我常常刻意保持兴奋的情绪。3

☐ 78我只喜欢与有趣的人为友，对一些不爱说话的人却懒得交往，即使他们看来很有深度。7

☐ 79我常往外跑，四处帮助别人。2

☐ 80有时我会讲求效率，而牺牲完美和原则。3

☐ 81我似乎不太懂得幽默，没有弹性。1

☐ 82我待人热情而有耐性。2

☐ 83在人群中我时常感到害羞和不安。5

☐ 84我喜欢效率，讨厌拖泥带水。8

☐ 85帮助别人达至快乐和成功是我重要的成就。2

☐ 86付出时，别人若不欣然接纳，我便会有挫折感。2

☐ 87我的肢体硬邦邦的，不习惯别人热情地付出。1

☐ 88我对大部分的社交集会不太感兴趣，除非那是我熟识和喜爱的人。5

☐ 89很多时候我会有强烈的寂寞感。2

☐ 90人们很乐意向我表白他们所遭遇的问题。2

☐ 91我不但不会说甜言蜜语，而且别人也会觉得我唠叨不停。1

☐ 92我常担心自由被剥夺，因此不爱做承诺。7

☐ 93我喜欢告诉别人所做的事和所知的一切。3

☐ 94 我很容易认同别人所做的事和所知的一切。9

☐ 95 我要求光明正大，为此不惜与人发生冲突。8

☐ 96 我很有正义感，有时会支持不利的一方。8

☐ 97 我因注重小节而效率不高。1

☐ 98 我容易感到沮丧和麻木更多于愤怒。9

☐ 99 我不喜欢那些侵略性或过度情绪化的人。5

☐ 100 我非常情绪化，一天的喜怒哀乐多变。4

☐ 101 我不想让别人知道我的感受与想法，除非我告诉他们。5

☐ 102 我喜欢刺激和紧张的关系，而不是稳定和依赖的关系。1

☐ 103 我很少用心去听别人的谈话，只喜欢说俏皮话和笑话。7

☐ 104 我是循规蹈矩的人，秩序对我十分有意义。1

☐ 105 我很难找到一种我真正感到被爱的关系。4

☐ 106 假如我想要结束一段关系，我不是直接告诉对方，就是采取激怒的方式让他离开我。1

☐ 107 我温和平静，不自夸，不爱与人竞争。9

☐ 108 我有时善良可爱，有时又粗野暴躁，很难捉摸。9

记录下你所得的数字：

"1"共有（　　）个，对应1号完美型

"2"共有（　　）个，对应2号给予型

"3"共有（　　）个，对应3号实干型

"4"共有（　　）个，对应4号浪漫型

"5"共有（　　）个，对应5号理智型

"6"共有（　　）个，对应6号忠诚型

"7"共有（　　）个，对应7号活跃型

"8"共有（　　）个，对应8号领袖型

"9"共有（　　）个，对应9号和平型

优势还是劣势，一线之隔

在我们的生活之中，没有什么事情是绝对的，没有绝对的好也没有绝对的差，就像是每一个人的性格一样，它们没有好坏之分，一个人的优势和劣势也不是绝对的。在不同的情况下，你的优势可能会变成你的劣势，你的劣势也有可能会变成优势。

当人们了解自己属于哪种性格的人之后，便可以很容易地知道自己的优劣势了。虽然，大部分人的心理总是关注自己的优点而忽略自己的缺点，但是，如果过度地去注重自己的优点，那么很有可能就会将优点变成缺点了。

比如，九型人格中的1号人格——完美者，他们最大的优点就是在于关注细节、追求完美，在他们的眼里，总是这里还需加强，那里还需做得深入一点，这种精益求精的精神使得他们更容易成功。正如俄国著名作家托尔斯泰所说："成功者的共同特点就是能做小事情，能够抓住生活中的一些细节。"但如果过于关注细节，就容易陷入认识的误区，总钻牛角尖，看不到大的方向和目标，往往容易因小失大，反而阻碍了自身的提升和发展。

这就像是当一个人过度注重卫生时，就会产生病态的心理，从而影响了自己的日常生活。所以我们要学会适度，更不要让自己的优势变为劣势，不要让他变成人生中的绊脚石。

3

黑白分明的完美者

案例分享

　　小张是公司的老员工了。他经常对朋友说起自己的上司："在我刚刚去公司的时候，公司便派他作为我的直属上司，当我刚见到他时，便觉得他应该是一位比较严肃的人，他那僵硬的笑容，让我感觉自己与他的距离感。而且，当时我是刚刚踏入社会的应届毕业生，工作经验不足，他总是会指点我如何去工作，可是，他说话的方式总是让我感到那么生硬。也许，当你从我们的旁边经过时，你可能会以为是一位生气的上司在训斥他的员工呢？但是，我知道他是对我好意的教导。在我的报告里，每个句子的用词、每个标点符号的使用、每张图片的摆放位置，他都会提出特别的要求。当然，他对自己也是如此。他对员工发火更是家常便饭，虽然他脾气很大，但是他处理的工作都是尽善尽美，大老板和客户都十分满意。但是，即使他取得了很好的业绩，但他的职务却升得很慢。因为他那直爽的性格，以及不喜欢吹嘘拍马屁的作风，所以和他一起进入公司的人都升入高管了，而他还只是一个下层经理。"从上可知，小张的上司就是一位完美者。

完美者的新名字：干脆利落的"包青天"

　　在完美者的眼中，人人都是同样平等的，无论你是什么人，错了就是错了，对了就是对了，没有任何理由去解释你的错误。完美者对自己和他人的要求永远是以完美的标准去评判，虽然我们都知道，想要达到完美的标准几乎是不可能的事情，可是完美者却不愿意将就自己，他们会克服所有的困难达到完美。所以，完美者的人生几乎生活在挣扎之中，当达不到自己标准的时候，便会不满意自己；当别人达不到标准时，他们会更加的生气。仿佛每件事情都看不顺眼，别人跟他们在一起感觉压力好大，对他们自己而言，则是每天都在生气，但是又极力压抑愤怒情绪，不愿轻易展现。

　　当完美者发现自己并没有在自己所追求的完美道路上行走时，就会非常不满意，想要立即改正过来。可是他们改正的方法却是极端的，可能突然从这一端立刻跳到另一端，其扭曲的程度可想而知。当他们工作一天后，想要休息并犒劳一下自己时，又立刻警告自己："你这样做会让自己更懒惰的！"随后便打消了休息的这个念头，继续加班工作。

他人眼中的完美者

完美者是一个极其苛求的人,他们总希望可以将所有事情都做得尽善尽美、处处周到,但也正是因为他们那苛求的品质,使他经常表现出对现状的不满和指责,他们经常会投入到一件事情之中认真去做,也会经常去指责别人让其更加完美,他们不仅严于律己,也严以待人。

完美者眼中的自己

我是一个有自我标准和追求的人,总是对任何事情都苛求完美,希望达到自己想要的结果,所以,我感觉生活总是难以让自己"完全满意"。他人总觉得我是一个有所坚持、追求尽善尽美,但又是对任何事情都不满意的一个人。我追求着自己的理想,可是,每当我在理想与现实之间抉择时,我总是感觉自己是那么的渺小与迷茫。因此,我便更加努力去完美自己,提升自己的能力,让别人对我只有赞美,没有批评,我会严格要求自己,让善良的好人都以我为标尺。

为了不让他人看到我内心真实的情感,我总会去克制自己。每当我发现自己与他人的相处会让他人感到不愉快时,或者发现自己的想法对他人来说实在是过于苛刻时,我总会改变自己,将自己变成一个有忍耐力和包容力的人,我会在追求完美的同时改变一下自己与他人和谐的人际关系,每当我发现浪漫可以用计划或者安排来实现的时候,我便又成为一个浪漫的制造者,但是我的热情是要根据具体的场合来发挥的。

我有自己的世界，不会因为别人对我的看法而改变我的世界观。我有自己衡量成功的标准，它们便是我的欲望、控制力、严谨、自信、道德，以及对一切事物的尊重。我追求完美，会细致地对待每一个细节，不会漏过一丝一毫。我在追求效率的同时，又会注重对事物的条理清晰、黑白分明的追求。虽然，我知道这样会让我的生活非常忙碌，让我少了享受生活的乐趣。但是，每当我开始工作时，责任和义务便会驱使着我，让我放弃乐趣，去追求我的完美。

我常常会受某种内在感觉的驱使，使自己变得比别人更体贴、更周到。若探寻自己的内心，我会发现其实我是想让别人依赖我，养成需要我的习惯，因为那样会让我感觉到"我就是大家的榜样"的快感。也因此，我会吸引一些和我性格不一样的人围绕在我身边，不过，久而久之我就开始嫌弃他们懒散、不努力的样子，并为此争吵不休。当大家在一起谈论事情时，当我发现别人其实对此事一无所知时，我会开始十分憎恶他们。我会以自己的标尺来度量别人，不能忍受别人居然不同意我的观点，因为我知道我有很高的敏感度，可以很快发现问题的所在，知道万事万物背后的真理是什么。但是我精辟的见解却不见得可以得到别人的认同，也未必会因此得到别人的感激，倒是因为我人愤世嫉俗而使得别人厌烦我，对我敬而远之。

在实际生活中，我会阻止自己本性的自然展现，但是由于我理论太多、限制太多，所以在社会架构的体系下，我的表现是完美的。但我也会为了表现这一份完美而压抑自己的情感，变得不那么完美。我很难达到完全的心灵健康，因为我的情感无法以自然的方式进行宣泄，使得我的心灵很难得到情感的滋润，因此我难以整合自己去得到均衡的发展，这常常使我在严格的自我要求之下，反而落入两极化和二元对立的冲突之中，无法自拔。

我强迫自己用所谓"完美"的方式去做事情，就像做事情要有秩序、要精致一样。而我为了避免受到他人或自己的责备，便会对自己要求更加严格，来达到真、善、美的境界。我的心中有一个美好的理想，那就是世界上的每一个人都可以独善其身。也正是这个愿望让我在做每一件事的时候都会经过细致的考虑。我讨厌那些对自己所做的行为极其不负责的人，他们冲动任性、毫无原则，我也讨厌那种看似一本正经地对待事情，却考虑不周全的人。虽然，并不是所有的事情都会让我感兴趣，但是我对所有事情都抱有盲目的固执与控制，也会让我对所有的事情都用完美的态度去看待。

我有很强的领悟能力，所以每当我去做事情的时候，总是很轻易就会发现事情的真相及重点。但是，我也总是忧心忡忡，我总害怕自己情感冲突的混乱会造成现实生活的失控及恐怖，而自己的矛盾就会表现在主观和客观现实所产生的分裂之中，也就是内在的浪漫及外在的严肃生活的分裂中。这让我的行为变得偏激，甚至会做出一些出格的事情，但是这一切我自己都无法察觉。我会经常感到沮丧、厌恶，因为所有事情在经过长时间的努力且总也达不到自己的目标。其实，如果这个时候我能找到自己苦恼的根本原因，改变自己、不再过度控制自己，我想自己也能创造奇迹，实现理想。

完美者的身体语言

如果在生活中你和完美者有过交往，只要你细心观察他们的行为，便会读懂完美者的身体语言。

1. 完美者的男人大部分都是绅士，完美者的女人大部分都是淑女或贵妇人，因为每一个完美者都是追求完美的人，他们通过自己的身体动作给人以高雅和严肃的感觉。

2. 完美者的眼神里永远透露着专注而坚定的目光，他们通常情况下会注视对方的眼睛，然后全身打量，总会让人觉得他们在你身上挑毛病似的。

3. 完美者生气时会脸色阴沉，沉默不语，给人以压迫和紧张的感觉。

4. 完美者常常保持硬挺的姿势，行走坐卧中规中矩，体态端正，从不东倒西歪，而且可以长久保持同一姿势不变。

5. 完美者的面部表情变化也比较少，他们时常严肃，笑容不多，即使笑也只是微笑。

6. 完美者认为手舞足蹈、眉飞色舞是无礼和粗鲁的表现，是完美的自己所不应该表现出来的。

7. 完美者不仅对自己的身体姿势等各方面要求比较严格，有时候他们也会不习惯别人丰富多变的身体语言，觉得有失礼教。如果和他们交往的时候你手舞足蹈，他们心里会很不舒服，觉得自己面对的是一个素质不那么高，而且态度也过于随意的人。

8. 完美者的着装总能给人整洁得体的感觉，男士着装干净利落，女士着装端庄严整。

完美者的闪光点和不足

一般在人们的印象中，总以为完美者是无趣、呆板、毫无生机、爱批评人的人，因此，许多人都不愿意和完美者有过多的交集。其实，我们完全可以抛除其对完美者的偏见，去发掘其身上的闪光点。

☆勤奋和高标准。完美者总喜欢以完美来束缚自己，当他们下定决心去做一件事的时候，总是通过忘我的工作来将事情做完美。

☆严谨细致。在完美者的眼中细致是必要的，因为只有这样，才不会让自己所做的事情走弯路，只有细致才能有效率，才能给他们带来最大的利益。

☆做事井井有条。完美者做任何事情都要有条理性和秩序性，因为在他们的眼中，但凡无条理或无秩序地做事情，都不会有极高的办事效率。

☆重视道德和原则。完美者对自身品质道德的要求也是完美的，他们有强烈的道德感，即使面对大是大非的问题也会坚守自己的原则，不会妥协和让步。

☆改进问题的专家。完美者目光精准，通常能够一眼看出做事中需要改进的地方，并立即指出，跟进纠正。

☆天生的改革家。完美者事业心比较强，有创新和改革的勇气，是天生的改革家。

☆有管理能力。管理过程其实是标准和要求不断提高的过程。作为高标准和高要求的完美者，由于天性使然便会不断地进行标准和要求的变更设定。

☆富于建设性。只要其他人能够承认错误或者承认实力不济，完美者的挑剔和批评可以被轻而易举地化解，对于被错误困扰并愿意改善自己的人，他们有百分之百的耐心和热情。

☆社会精英的摇篮。完美者是九型人格中最有智慧的人，具有精确的判断力和旺盛的生命力，他们总是在前方追求更高远的目标，一旦剔除其完美主义性格中爱走极端的不利方面，则很容易成为社会中的精英人才。

完美者并不是一个完美的人，也正是因为他们过于追求完美的态度，会使他们走向误区，养成一些缺点。

☆常陷入自我迷失。完美者常会花费大量的时间去追求自己的完美，很少有时间享受人生，思考自己真正想要的是什么，所以他会陷入自我的迷失中。

☆常破坏平衡与和谐。完美者极力追求自己的完美，有时会导致他们追求过度，从而破坏了身边的平衡与和谐。

☆常忧心忡忡。完美者总是担心自己所做的事情不够完美，担心自己会犯错误，担心他人对自己的看法，所以完美者内心总是忧心忡忡。

☆顽固清高。完美者总是坚持自己认为的完美路线，即使别人发现他的路线是错误的并对其指正时，完美者仍固执己见，认为别人不如自己。

☆嫉妒心强。完美者以完美为坐标，在与自己较劲的同时还喜欢和他人一争高下，当看到别人比自己优秀时，会有强烈的嫉妒情绪。

☆好为人师。完美者是个理想主义者，他们常主动纠正别人的错误行为，却不知自己已留下"好为人师"的恶名。

☆好挑剔及缺乏体谅之心。完美者对自己、对别人都相当地挑剔，甚至对人出言讽刺，另外在发现问题并提出解决方法时，很少考虑别人的处境，缺少体谅之心，常给人际关系带来阴影。

☆对他人缺乏信任，不善授权。完美者对任何事情都苛求完美，做任何事情都觉得自己做得最好，每件事都亲自去做，不喜欢将事情授权给别人。

九个层级的完美者

第一层级：睿智的现实主义者

这是完美者的第一层级，处在这个层级的完美者是一位智慧型的人。他们追求自己的理想，但是，他们依然是一位现实主义者，能够将自己的理想与现实对接。处在这个层级的完美者，他们能接受自己的缺点与不足，不会过分地苛求自己与他人，他们所认同的是：自己对自己的认可是智慧的开端，无须强求自己，这样，自己反而发展得更加完善。他们拥有宽容之心，也不会为自己打造一个只有我是正确的标签。

他们不苛求他人，就像是一位教师一样，原谅他人所犯下的错误，并给他人更改的机会，让他人有一个自我反省的空间，他们懂得自己并非都是正确的，懂得去学习他人的智慧，所以他们将会拥有更高的智慧。

他们不再苛求现实，因此他们眼中的现实开始变得可爱，他们知道事情的发展有其应有的发展秩序，一切发展都在循序渐进、有条不紊地进行。而且，他们逐渐认可规则，认同事物运行的本来面目。

该层级类型是所有人格类型中最聪慧的，他们的聪慧在于其精准的判断力，能迅速判断现实的本来状态，也能判断适应现实的最合适的应对方法，因此他们是睿智的现实主义者。

第二层级：理性的人

第二层级的完美者是讲求理性的人，在他们的世界里，一切都可以客观地去看待，这种理性可以让其为现实负责，能够在现实与理想之间达到比较平衡的状态。

虽然处在这个层级的完美者并不如上一层级那么智慧，但是因为他们是理性的，使其能更好地认清现实中真实的情况，能分辨出所有事物的价值，他们可以清晰地明白现实的世界，从而付出行动。

作为理性的人，他们同样具有良好的价值判断能力，在道德上具有较高的自我要求。他们愿意用道德限制自己的言行，对于自身的缺点保持十分的警惕，有时会为道德的不完美而黯然神伤，他们愿意戴着道德的镣铐，跳出最优美动人的舞蹈。

他们的内心相对来说比较平衡,这是由于客观的眼光以及对道德准则的遵守所致,另外还因为他们已经做出的自己的贡献。对于自己的责任,他们有理性的分析,知道自己应该做什么,不应该做什么,他们的行为不仅仅是为了自己,也是为了他人,他们是有责任心的人。

该层级类型的理性是很难得的,这样的理性使得很多的完美者都能足够应对现实,而且保持内心的平和安宁。

第三层级:讲求原则的导师

第三层级的完美者讲究原则,并把自己当作原则的遵循者,但是他们却不会强迫别人,他们信仰自己的真理,相信真理的原则终究胜利。

在生活中他们常常重视真理、公平和正义,期待真理之国的降临。他们讨厌和痛恨生活中的不公正,试图改变现实中的各种不平等,他们坚持的不是冰冷的法则,奉行的生活原则是爱和奉献,甚至愿意做真理的殉道者,只为人间多一份美丽。

在做任何事情时,他们都不会以个人简单的愿望为行动的理由。他们以原则来约束自己,讲究个人纪律。他们不被现实的利益所诱惑,宁愿放弃自己个人的利益甚至更多,也愿意成就世间的和善和公正。他们遵循原则至上的理论,认为自己的一生都应该为原则而奋斗。

他们对事情的认知常常会用自身的原则为标杆进行衡量,其动力也在于实现原则,这是他们行动的原动力。他们认为自己的原则是正确的,而且在为原则而献身的过程中很有信心。他们对外界宣扬自己的原则,同时希望大家明白,生活中如果没有原则,将是多么恐怖的事情。

该层级类型的完美者依然是健康和有活力的,他们的行为总是能让世人感受到更多的理想之光，他们是讲求原则的导师。

第四层级：理想主义的改革者

第四层级的完美者坚持自己的原则，有着坚定的理想并为之而努力。他们想要改变这个世界，在各种事情上坚持较高标准，并且用这些标准来促使周围的世界向更好的方向发展。

他们常常会认为自己是高于他人的，因为自己的原则要高于别人。他们希望周围的人能够和自己一样，共同为实现这一原则而努力。他们看不惯别人糊涂地过日子，看不惯别人面对事业的那种不严谨、不严肃的态度，他们认为自己有责任教导这些人，让他们能够有所改进。

他们虽然不会表现出十分强烈的态度去强迫他人，但他们也不能保持沉默。他们看到问题总是忍不住要提出来，让别人知道已经偏离原则了，而且觉得提醒是很有必要的。

他们希望生活能够不断前进，不能容忍自己在同一个水平线上徘徊。他们喜欢给自己设定目标，他们的生活中缺少娱乐，即使在娱乐，也要把娱乐当作实现自己理想的一种手段，因此，他们的日常兴趣常常和事业联系在一起。

在现实面前他们也会觉得有时候自己缺少支持，同时觉得自己的想法和他人必须要很好地结合。他们想要改革，但是周围的世界似乎并没有意识到改革的必要性，但他们依然坚持，是坚持理想的改革者。

第五层级：讲求秩序的人

第五层级的完美者是规则于心的一类人，他们总是用规则去衡量自己和他人，总是希望周围的一切事物都能符合自己的规则，都能遵循自己的秩序。但是，有时他们的规矩并不被所有人接受，所以这很容易引起两者的矛盾。

他们严格控制自己的内心和行为，也试图去控制周围的世界，他们对周围的世界充满挑剔，喜欢提前设定一个行事的准则，比如买东西时必须要按照清单，做事情必定要按照日程表，和别人约会一定要坚持时间的准确。他们的日程表上几乎都是工作，因为他们觉得生命是严肃的，人生不能放松和玩乐。

他们不断评判周围的世界，常常会指出别人的错误，同时会给出一个更好的做事方法。他们总是要让别人理解自己观点的合理之处，让别人认可自己的规则。

他们要求一切井井有条，事情的发展也要有条不紊地进行。他们常常会强迫自己去做事，即使内心想着去玩乐或降低标准。他们不允许这个世界脱离控制，尽管他们也会痛苦，但是他们常常忽略内心的挣扎，转而投身到秩序的建设中来。

秩序是美好的，即使那是僵化的，但也是自己心中美丽的标准，因此，在现实中他们常常感到很多压力。

第六层级：好评判的完美者

第六层级的完美者就像是一个判官一样，他们总以为自己所说的就是正确的，自己就是权威，所以他们对周围的世界充满了批判。常常用完美来要求自己和他人，做事常常讲求细节，无论是自己还是他人做事，他们都会用严格的要求去看待。他们在做事的时候都会事必躬亲，而且在给予他人批评的时候，常常会引起他人的反感，易与他人发生矛盾。

他们难以倾听，喜欢不断发表高见，甚至对自己并不甚了解的事情，也常常试图告诉别人正确的方法，他们的内心无法平静，常常会陷入走向两个极端的境地，他们可能会去放纵自己，会无休止地玩乐，会做一些自己一向不屑去做的事并且沉迷其中，但是当他们抽身出来之时又会把自己严密地看护起来。

总之，在他们的心目中，一切都需要改变，完美的世界应该到来，在他们看来："我在为之受苦，凭什么其他人可以轻松，我要叫醒他们一起承担责任。"

第七层级：偏狭的愤世嫉俗者

处于该层级的完美者，标准占据了他的人生，他用自己的标准去约束自己和他人，不愿倾听也不愿去接受他人的标准，他们将自己的标准奉为一切宗旨，认为所有没有按照自己标准执行的人都是错误的。

他们变得愤世嫉俗，很少会批判自己。他们认为自己是绝对正确的，同时认为自己如果想要获得快乐，就必须要把自己的怒火发泄出来。

他们虽然认为自己很有道理，握有绝对真理，但是也会让自己频频受伤，他们试图不去批判，试图用一些东西麻醉自己，他们可能求助于酗酒，也可能会去吸毒，但如果他们愤怒的火焰无法熄灭时，他们会选择向外界发泄，而当他们的发泄常常遭到别人的反对时，他们也会受伤，受伤之后他们会更加麻醉自己，这样，他们就会不断陷入发泄、受伤，然后麻醉自己的怪圈。

他们无法容忍别人持有和自己不同的观点，认为别人必须要按自己的想法去办才可以，不然这个世界就真的乱套了。他们甚至不惜采取一些极端措施要求对方接受自己的观点和做法，他们是偏狭隘的愤世嫉俗者。

第八层级：强迫性的伪君子

在该层的完美者就像是得了妄想症一样，他们时常陷入自己的妄想而无法自拔，总以高标准去要求自己和他人，即使这个标准谁都无法达到时，他们仍然强迫别人按照自己的标准去做。

他们的内心被自己的原始欲望所填满，思想中充满了扭曲的欲望，充满了对生活的享乐欲念，充满了各种各样被压抑的阴暗情绪和欲望。他们被自己的欲望所控制，他们会照着这些欲望去做，并且为之后悔，然后就不断惩罚自己。他们可以对别人大力宣扬道德的纯真，但是却无法控制自己内心的渴求，陷入自己所谴责的放纵之中。他们强迫自己不去做，却依然会去做，他们惩罚自己，又不能控制自己，有时他们的原则和标准自己都不能遵守，当然也不为大家所认可，如此便陷入恶性循环之中。

他们是一个强迫性的伪君子，无法控制住自己内心的欲望，但是他们却又用道德的纯真来掩饰自己，而且去强迫别人做事情。

第九层级：残酷的报复者

在该层的完美者是危险的，他们过于追求自己那所谓的"完美"，丧失了爱人之心，他们做任何事情都是为了报复那些不愿意合作的人，他们的行动失去了目的。他们看到别人不合作，心中便又燃起了怒火，甚至做出一些无法自控的行为。他们总认为自己永远是对的，而且会通过各种方法去验证自己的正确性。

他们一旦证明了自己的正确性和高尚性，就会不择手段。认为只要自己做的是正义的事情，那么手段的道德或不道德、惩罚的力度大小都显得不那么重要了，而且他们常常不仅要惩罚那些明确指认的挑战规则的人，连怀疑的对象也要受到惩罚，因为他们不认为这些人是无辜的。

这个阶段的完美者不同于其他阶段的完美者，他们曾经害怕惩罚，但是却像是暴君一样，惩罚不愿意合作的人，报复那些和他们观念不同的人。

想要成为完美者朋友的几种方法

在我们的生活中生活着各种类型的人，无论你是哪一种类型，但你永远不能去躲避完美类型的人，所以我们要懂得如何去和他们交往。

当遇到完美者时你可以用以下几种方法，便可以与之友好相处了。

1. 不要同完美者说假话或玩弄权术。完美者很反感说假话或玩弄权术的人，他们极其讨厌自己被人利用，所以当和他们相处的时候，千万不要拐弯抹角，这会让他们感到反感，要直截了当地说出自己的想法。更不要认为自己多么聪明，敏感的他们会找出你的漏洞的。

2. 完美者是一个对外界有极强的敏感能力，对自己却很生疏的人。所以，当你需要从他那了解一些东西的时候，或者他们做错的时候，你不要用批评的语气去指责他们，而要帮助他们去改变想法，这样会有助于你得到想要的结果。

3. 与他们相处，往往会出现这样的情况，当你对某件事情很满意的时候，他们会突然发怒。这时，很多人会以为他们的发怒对象全是自己，这种想法十有八九是错误的，因为他们表现出来的怒气可能在他的心中积蓄了好多天，此时的某种感觉才将其引燃。他们愤怒的对象有时是与你和他之间毫无关系的事，甚至连他们自己也说不清楚怒气从何而来。

4. 因为他们对所有事的完美程度相当看重，所以对自己的过错不肯原谅，严重时精神会垮掉。基于此，当发现他们陷入极度困苦之中时，一定要引导他们向外看，帮助他们分析自己的问题。人犯错误是在所难免的，错误和挫折实际是走向美好的阶梯。要让他们认清自己，使其看到希望。

5. 当你在和完美者说话时，发现他们并不倾听你所述说的话，这时你要主动请完美者表达自己的想法。千万不能用批评的话语去指责他，否则可能会产生难以预料的矛盾。

6. 完美者喜欢遵循一切有逻辑的东西，他们不喜欢别人随意的态度。所以当你和他们去研究问题或探讨一些事情的时候，一定要懂得遵循逻辑，讲出的话必须有理有据，经得起推敲，这样你的目的才能达成。

7. 当我们在意见上和完美者发生分歧时，一定要注意，千万不能针尖对麦芒地和他们争辩，因为完美者总是将自己的思想固守在一定的范围内，在他们心中，自己所坚守的东西都是完全正确的，是不容置疑的。所以，这个时候我们就要去引导完美者赞美我们的看法；如果这件事确实是我们做错了，那么我们需要对完美者坦然承认错误，因为这样比辩解更容易赢得他们的信任。

8. 完美者常常会为了坚持自己固有的思想而不愿意低头，哪怕这个原则是错误的，他们也不愿意放弃自己所坚守的思想。所以，在我们想要去指出他们的错误之前，一定先要批评自己，这样会让完美者感到自己的面子上得到满足，更容易接受你的意见。

完美者的职场攻略

职场关系

完美者在职场中的关键问题就是太过完美，如果他们是员工，就希望有完美性格的领导者；如果是领导者，就喜欢有完美性格的员工，他们的职场关系主要有以下特征。

☆完美者在团队当中一直希望能找到一个完美的权威领导式的人物，当他们真的碰巧遇到这样的一个领导者时，他们就会愿意放弃自己的想法，做一个追随者。

☆他们心目中的领导者应该是有着前瞻能力并且追求公平和高效的人。

☆如果领导者本身就没有明确的方向和目标，那么完美者在其手下会不知道做什么才好，会感觉到隐藏的重重危机。

☆如果领导者的政策和完美者的理想有偏差，他们也会不自觉地抱怨，他们的抱怨以原则为参照，仿佛在法庭上定罪的法官，你的每一条失误都会有事实依据。

☆完美者希望领导者能够保持稳定的政策，如果领导者对政策朝令夕改，那么他们会觉得无所适从和心烦意乱。

☆完美者一般不会公开直接地反对权威，他们常常会抱怨一些并不是直接相关的错误。他们的抱怨通常是间接的，但是真实的意图可能并没有真正显露出来。

☆有时候，如果完美者认为自己的想法是绝对正确的话，他们又会有着极大的勇气，敢于和领导者据理力争。

☆完美者喜欢用明晰的职责作为标准来管理团队，以及指导员工的工作行为。

☆一旦员工出现与其标准不一致的情况，完美者则会立刻用"应该"与"不应该"来教导员工。

☆完美者对于工作的结果以及过程均以高标准严要求，甚至对于一些细节都有很高的要求，一定要力求尽善尽美。

☆完美者工作认真、严肃，很少在工作时间发现他们开玩笑或表现出私人关系。

☆完美者对工作中的规矩和程序极为重视，比如商务礼仪、行政职位级别、应该遵循的礼仪等。

适合的环境

完美者因其独特的性格特点，也决定了他们能够很好地适应一些环境。

完美者责任心极强，做什么事都要做对，而且要做就做到最好，要当第一名。完美者不但有目标，而且善于规划好步骤并一步步执行，做事效率高，条理分明。

完美者很少把个人的情绪掺杂到工作中，他们认为人和事情是分开的，即便有情绪，他们也会强迫自己把它压制下来，一旦确定某件事情是必须和正确的，完美者便是一个很严格很认真的执行者。

因此，完美者适合去做需要组织规划和谨慎对待的工作，也适合需要坚持原则与公正的工作领域，这样的工作如教师、科研工作者、法官、医生、质量检查人员、纪律检查人员、仲裁人员、安全检查人员、财会工作者等。

一般来说，跟完美者性格特质相近的机构文化环境的特点是：架构明显、规则清晰、注重秩序、崇尚高标准、需要留意细节。

不适合的环境

完美者因其独特的性格特点,也决定了他们很难适应一些环境。

完美者不善于根据不断变化或者不完整的信息来做决定,他们需要有清晰明确的指导方针,那些结构混乱、基本前提和规则不断变更、评判标准多基于感情而不是程序、没有进取心的机构环境,都不适宜完美者,尤其是一些新公司、新生意等,这些机构充满变化,没有稳定的秩序,会让完美者感到压抑不安,甚至选择逃离。

此外,风险性较大的工作,如风险投资工作,以及必须接受大量不同观点或者允许不同观点存在的工作也不适合完美者,如创意工作者、电视节目编剧,完美者的完美主义标准会让他们犹豫不决以及难以做到容忍差异。

别触犯完美性格领导者的原则

完美性格的领导常常是极具原则性的人,不管他们自己是否自觉,他们下意识里常常把自己放在规则守卫者的角色上,对于一切敢于挑战原则的人,他们的态度是"杀无赦"。

因此,面对这样的完美性格领导者,员工要永远把一件事放在心头,那就是千万不要触碰这类老板的底线,他们在平时的小事上对你的苛刻可能并不会真正影响你在他们心目中的形象,但是一旦你犯了大是大非的原则问题,他们往往很难原谅你,他们会把你定性为"恶劣分子",把你永远驱逐在个人信任的心门之外。

别给完美性格员工安排紧急工作

完美性格员工的特点是追求完美,可以告诉他们,要把思考的角度放到结果上，而不要太关注于过程，如果过度关注于过程，追求事事完美，那么可能就会影响项目的整体进度。

完美性格员工在工作中的主动性值得领导信任，但是有一点需要注意的是，我们也不能够把时间安排得太紧，因为他们常常追求百分之百的完美，如果时间太仓促的话，他们就难以完成工作，这样的话，他们就会把矛头指向他人，批判你和周围的人。

当然，要求完美性格的员工放弃一定程度的完美是可以的，但前提是领导不能够给他们太大的压力，如果领导能够为完美者提供充足的工作时间，他们就可以一方面追求高效率，另一方面达到高质量，实现质量和效率之间的一种平衡。

热情而严谨地对待完美性格的客户

完美性格的客户虽然表面严肃冷淡，但是他们却常常喜欢那些热情四射的营销人员，他们常常会被这样的营销态度打动，开始自己的购物行为，也许这是因为他们的个性中缺乏热情所致。

完美性格的客户讲究礼节，因此营销人员可以表现出你在礼节上对他们的尊重，这样他们首先就会在心理上认可你的态度。在营销你产品的时候，可以充分表现出你对自己产品的信赖，表达出自己的产品如果应用于客户会有怎样的好处，似乎此时此刻你正是你们公司产品的明星代言人，这样的态度一定能打动完美性格客户的心，也能让他们感觉到你的信心和活力，愿意和你交往并购买你的产品及服务。

当然，你也不能单单表现自己的热情，因为完美性格的客户是严谨和细致的人，如果仅仅是热情，他们虽对你的热情放心，却担心你热情的背后会有不可告人的目的。所以对产品的说明一定要严谨细致，这样就可以消除他们的疑虑，而且他们会觉得你是一个注重专业品质、有着认真精神的人，并对你产生良好的印象，这样你们离成交就不远了。

恋爱中的完美者

完美者的恋爱关系

完美者在恋爱关系中，常常有着完美主义的倾向，在他们的心目中，自己是完美的，自己的伴侣也是完美的，他们俩是白雪公主和白马王子般的完美。而现实常常不尽如人意，他们会发现自己和对方都不是那么完美，这时他们就会无法接受不完美的自己和对方。

一般来说，完美者的恋爱关系主要有以下一些特征。

☆他们希望和爱人一致，共同为美好的生活努力，一起进步。

☆他们难以接受不完美的伴侣，经常会苛求对方，给对方造成很大的压力。

☆他们因为感觉自己不优秀，担心对方可能会离自己而去，因而会掩藏自己的缺点。

☆他们更多的是挑剔自己的伴侣，很少主动赞赏自己的爱人。

☆他们会因为小事而发怒，给伴侣造成伤害。

☆他们很容易吃醋，经常监控自己的伴侣，希望爱人对自己专一不二。

☆他们有强烈的控制欲，想要自己的伴侣按照自己的想法去做，不然就会闷闷不乐。

☆他们缺乏生活情趣，不太喜欢那些热闹的场合，也不喜欢休闲娱乐。

别做爱情中的"苛求家"

完美者总是关注生活中的错误，并严格要求自己不犯错，也会在爱情中苛求自己的伴侣不犯错。完美者对伴侣的一切都会非常关注，因为他们将关注伴侣的一切看作是自己的责任，因此他们会非常重视伴侣在生活、工作和学习过程中发生和经历的一切事情，以便时刻发现伴侣的不足并督促伴侣改进。

完美者注重原则，他们在内心给自己的伴侣设计好模型，让伴侣按照这个模型去改变。他们会将自己认为正确的观点或为人处世的方法灌输给对方，要求对方接受，给人一种家长一样的感觉，让伴侣感到巨大的压力。

由于完美者一直都压抑自己的情绪及需要，他们会产生一种一旦表达出来，自己就会显得不够完美的情感恐惧，他们还认为伴侣应该能够知道自己的需要（完美者认为这是伴侣应尽的责任），所以完美者在表达情感需要时总是多用暗示性的言语或身体语言，但因为暗示的效果很难精准到位，容易让双方陷入讲道理的旋涡中，给人一种似乎总是在"算账"的感觉，容易激发伴侣的反抗情绪。由此可见，完美者迫切需要改变自己对伴侣的苛求态度，应宽容地看待伴侣的缺点，这样才能维持长久稳定的情感关系。

多多赞扬和鼓励伴侣

完美者最不善于甜言蜜语，对自己的伴侣多是批评和指教，所以做完美者的伴侣会很累，因为他们总是能看到伴侣的不足，让伴侣永远不能达到一个满意的高度。一方面促使伴侣进步，另一方面也使得伴侣内心渴望肯定，获得满足和赞扬，特别是伴侣脆弱的时候。如果完美者依然冷酷无情地指出伴侣的缺点，伴侣的内心就会觉得生活太单调，爱人太无情，彼此间的感情就可能走入貌合神离的境地。

在爱情中甜言蜜语的赞扬和鼓励是必不可少的，很多伴侣已经受够了外界强压在自己内心上的各种标准，他们绝不希望回到家里有人用一个更为严格的标准要求自己，这种无形的压力会让他们心生厌烦。所以完美者关怀自己所爱的人，就需要肯定和鼓励伴侣个性化的存在，为他们的成长创造自由和温情的气氛，这些都是完美者应该学会的爱所应持的态度。完美者应该给自己的伴侣更多的赞扬和鼓励，这些赞扬和鼓励对他们的伴侣来说有着一种神奇的魔力。

让爱情更有趣

为爱情不断注入新鲜的创意和乐趣是必需的，完美者尤其应该注意。由于他们的生活态度过于严谨，在爱情生活中有点放不开，感情生活有点公事公办的感觉，逐步会走向程式化，少了惊喜，也丧失了乐趣。

这时完美者就应该学习一下如何给爱情加入一些新意和乐趣，学会突破自己的常规心理，懂得时不时改变一下自己的做法。

作为完美者，有时你可以放弃你的严谨的态度，变得调皮一点，让伴侣感觉到你的另一面，你可以和伴侣隔一段时间做一些平常不做的事情，比如带着伴侣去旅游，一起报名参加一个健美班，或者可以共用一些东西，这些都会让你们的生活多一些乐趣。

给完美者的建议

人有悲欢离合，月有阴晴圆缺。世界上没有什么事是真正完美的，所以不要给自己太大的压力，试着学会放松，让自己多一点时间多一点快乐。很多事情并不是非完成不可，也不是一定要做到第一，只要付出了努力就都是有价值的。所以给自己多一些谅解，不要一味否定自己的能力。

同样，自己做不到的也不要强求别人做到，人都是会犯错误、犯迷糊的感情动物，能够时时刻刻表现得完美的是机器而不是人。这样理解人性就可以对别人宽容一点儿，不要大动干戈地当众指出别人的缺点，要学会多看看对方的优点。

地球离了谁都照样正常运转，没有谁也都一样会有日升日落，所以不要觉得每件事都是必须的，你没必要对每件事都负责，即使没有你也总会有人来完成那份工作。所以就当是给自己多一点儿时间，给别人多一个机会。

或许你的完美可能令人称颂，你也可能很有经验和头脑，但是过分强求完美会让你忍不住对别人的工作指手画脚。或许你会觉得这是一种善意的提醒，但毕竟不是每个人都愿意接受。希望大家都表现得很好并没有错，但是有些时候换一个表达方式可能会好得多，因为不是所有人都能像你一样能够虚心接受建议。

随时可能爆发的愤怒会是你与人交往中的一个致命伤，首先愤怒不能解决任何问题，否则法律和道德约束就失去了意义。其次，试想一下如果总是对别人发脾气，别人能对你有好感吗？时间长了就算你说的是制胜法宝，也不会有人愿意听，最后只能是你自己干瞪眼干着急，不会得到什么积极的反馈。

你确实很有自己的原则和方法，在你的努力之下往往能够高标准高质量地完成任务，还会经常交出让人眼前一亮的作品。但是请记住这样一句话："三个臭皮匠，顶个诸葛亮。"一个人的思想只是代表个人的意见，但是如果你愿意，那么三个人的想法交换就可能得到不止三个的可能性，而是激发出更多有创意的想法，这就是倾听与合作的力量。所以不妨尝试着去聆听别人，谦虚地接受别人的好建议。

完美主义者往往会产生一种强迫的倾向，因为他们总是习惯用自己的价值观念和是非标准去衡量别人，而这些标准一般都显得过高、过难，让人一时无法按照他们的要求顺利地完成。这时完美主义者就会不悦甚至恼怒，从心里责怪对方怎么连这样简单的事情都做不好，或者埋怨他们不肯为目标付出实际的努力。其实，这时最需要冷静的反而是自己，学会反思一下究竟是你的控制欲太强，还是别人能力真的不足。不要总因为环境不能符合你的想法而生气，如果这样就只能活在痛苦和责备之中，如果别人做得让你不满意，可以想办法帮助他们找出解决问题的办法，而不是盲目生气。

4

乐于奉献的给予者

案例分享

小李的老板是一位公认的好老板，非常讨人喜欢，经常关心自己的员工，每当他觉得自己没有能力去帮助其他同事的时候，总会自责和内疚。有一次，公司里的一位员工生病了，他连忙去医院看望了生病的同事，回到公司之后还帮生病的同事请了病假，并将他的工作安排给其他同事分担。还有一次，小李的老板请他吃饭，并告诉小李："我喜欢我的工作，因为在那些同事身边，我觉得自己被需要。而且我对大家的需要也十分敏感，他们向我请求什么，我通常很难拒绝他们。我总在竭力帮助大家，这也老是让我忘记了自己的需要。但是，有一次一个同事竟然指责我，说我控制他，这让我伤心了一段日子，我不明白他为什么会这么说。"不难看出，小李的老板就是一位给予者，处处为他人着想并关心他人。

给予者的新名字：落叶归根的枫叶

给予者总是全身心地去帮助别人，他就像是落叶一般无私的奉献着自己，哪怕最后飘落时，也要落在大树的身旁，为大树施肥填料。给予者总是以自我牺牲的方式，给别人提供爱和友情，他们非常喜欢主动去关心、帮助别人，也正是因为这样，有些人则认为他们喜欢多管闲事。

给予者的情绪往往会随着他们的喜怒哀乐而起伏变化，他们很感性、很热情，常常觉得别人能力有限、比较可怜或是缺乏勤奋，需要接受他们的帮助。但是也正是由于给予者太过关心他人的生活，从而忽略了自己及家人，也正是因为对他人过度的付出，会让他的家人有些抱怨。给予者在服务的兴奋中常忘了自己的疲劳，所以他们不在乎为别人付出多少时间和精力，会保持一直付出的状态。

他人眼中的给予者

给予者就是一位"母亲"一般，他总是爱心满满的对待他人，总是舍不得他人受苦，凡事都为别人先着想。他们不论别人是否需要他的帮助，是否接受他的帮助，他都总是无条件的给予他人帮助。他满足了自己"想付出"的内心需要，虽然他也希望得到别人的感恩，可是他总也得不到回报。

给予者眼中的自己

我感觉自己很容易就能察觉出别人的需要和情感，所以每当我看到我认识的人生活得不开心的时候，总是感到非常难受，我感觉像是自己犯了一件重大错误似的。所以我总是愿意花费时间、精力以及金钱去帮助他们。有时我为了更好地去帮助他人，会学习一些新的东西，我并不在乎自己能否用到自己所学的东西，只希望别人在需要帮助时，我能给予其帮助。

我喜欢广交朋友，听他们述说自己的故事，也喜欢在他们需要帮助的时候，给予他们帮助。我永远都是一位倾听者，不愿意去当一位领袖者，但是当我发现大家都无计可施或者那是一个公益组织的爱心活动时，那就要另当别论了。对他人付出，会让我感到无比幸福。

我不喜欢太多的规则束缚着自己，也不喜欢开会，因为这种形式化的东西总会让我提不起兴趣。但是，每当有人对我诉说他的困惑时，我就会非常感性，所以我觉得自己做事情时通常不以客观来判断，而是根据他人的实际需求来做决定。

我总能在别人的生活中发挥影响力，我的宽容和慷慨常常获得大家的好评。但是我难免怀疑：是不是依据别人依赖我的多少来决定我的成就感？因为我总是在帮助别人后才获得最大的满足感。我觉得自己最大的缺点是，我常以别人的需要为需要，而忘记自己真正的需要。通过对别人不停地付出来掩饰自己生理、心理、情绪及灵性的需要。我不擅长和别人分享自己的内心需求及感受，有时候甚至认为自己的需要是错误的。因此我不会主动表达自己的希望，当别人关心我的时候，我总会非常客气地保持距离。

我的个性使得别人容易亲近我，但是我经常会感到内心空虚，并感受到压力与恐惧。我会推行很多慈善活动，但照顾自己的能力却相当有限，这个时候我也会以浪漫式的感情吸引别人，因为我也需要一些对等的爱来滋润我的心灵，所以当有这样的人出现时，我对这份爱的感觉会有回应，以满足我的渴望。

我对别人好的时候，如果别人不领情或没有感恩我的付出，我会有种被伤害的感觉。如果别人高兴地接受我的付出，但却认为不需要有对等的感恩，这时我虽不会生气，但也讨厌那些不知感激的人。我的付出并不是要别人重金回报，只要他轻轻地在我耳边说句"谢谢"，我就会觉得万分值得了。

我待人非常热情，没有距离感，而且喜欢保护我的朋友，当我与这些朋友在一起的时候，我永远是忠实、亲切并带来阳光的人。由于我喜欢广交朋友，对他们也有一定的影响力，所以我变成了大忙人，总把别人的每一个问题都看成自己的问题来对待。对于依赖性比较强的人或缺乏关心的人，我发挥了我最大的能力，但有些人却不懂我所做的牺牲，反而觉得我多管闲事，或者强硬地闯入了别人的私人世界，因而对我产生误解。其实我并没有恶意，只是非常在乎和朋友的关系，并表达我的关心、挂念及担心而已。但有时候，我也不喜欢别人和我形影不离，因为那样会束缚我爱人的能力。

我总是能很敏感地察觉出他人的需求，也许这一切都归于我的小时候，我不知道这一切到底要归过于我的父母还是要归功于他们。童年时的我经常会遭到父母的冷漠，所以为了引起他们的注意，我不得不学会察言观色，对父母投其所好，以得到他们的关爱。

虽然我对我帮助过的人，不要求他人给予我回报，但我却讨厌那些忘恩负义的小人，这些人只顾自己的利益，不去理会他人的想法，所以我时常会提醒自己：想要成为一个好人，就要懂得牺牲，不要拥有自私的心，不能骄傲。每当我见到那些不识感恩的人，内心总是那么的气愤；每当我遇到不好的人，便会为自己得到了不公平的待遇而悲伤。现在我明白了，我在爱人和被爱之间产生了欲望和需要的冲突，很难面对自己也有需要爱的情绪，所以当我在帮助别人的时候，只是满足了我的强烈的控制和占有欲而已。所以我应该懂得，不应该太强迫、过于控制别人，只有当我学会将自己的感受和需求向别人表达，并多关心自己的家人，而不是总将焦点放在别人身上时，我才能做到真正地了解别人、尊重别人，让自己成长与提升，然后再去关爱他人。

给予者的身体语言

如果在生活中你和给予者有过交往时，只要你细心观察他们的行为，你便会读懂给予者的身体语言。

1. 给予者在选择衣服时，总会选择大众化的服装，这些服装大部分都是深色，款式也简单大方，因为他们认为，颜色过于鲜亮或款式过于新潮的服装也容易妨碍对他人的服务，只有大众服装容易得到他人的认同。

2. 给予者总能给别人一种亲切、知心和一见如故的感觉，当你去细心观察时，便会发现给予者总是带着亲切的笑容、友善的态度和主动开放的气质。

3. 给予者的眼神也会传递出善良的品格，他的眼神中总是流露出关爱他人的灵光。

4. 给予者在与他人相处时，身体总会不自觉地靠近对方，但是，他的靠近永远不会让别人感到压迫感或不舒服。给予者在与他人交往时总会扮演一位"知心姐姐"的形象，给人一种体贴、关怀的感觉。他也是一位倾听者，倾听着他人的痛苦与抱怨，有时还会轻拍对方的肩膀、握住对方的双手或者给他人一个拥抱来给予对方安慰。

5. 给予者会时刻留意身边人的感受和需要，并会非常及时地在对方未开口之前便采取行动给予满足。比如当你觉得椅子不舒服时，给予者会主动为你重新换一把椅子；当你觉得屋里空气太闷时，给予者会主动提议带你去花园走走；当你不喜欢吃某道菜时，给予者会主动介绍你吃另外一道菜……总之，给予者仿佛就是他人肚中的蛔虫，总是能清楚地知道他人的需要，并及时给予满足。

6. 给予者是感性的，因此他们很容易把喜怒哀乐写在脸上，也正是因为他们的直接情绪表现，容易与其他人的情绪产生共鸣。

7. 给予者总是希望通过帮助他人来实现自我价值，所以给予者关注的焦点大部分都是他人而不是自己，而且拥有敏锐观察力的给予者，总能用暗示性的语言来与他人沟通。

给予者的闪光点和不足

给予者总是在生活之中不断地付出，给予他人帮助，他们喜欢与人交往，并不求回报，但是他们却很讨厌自己的付出得不到肯定或接纳。在他的身上你会发现许多的闪光点。

☆富于爱心和奉献精神。给予者总是希望自己的生活环境里都是充满爱的。他们可能会为一只猫无家可归而伤心流泪，也可能会为他人提供自己的帮助，而感恩对方的善良。他们对弱势群体给予强烈的同情并支持，同时发挥出完全的奉献精神以及付出劳力。

☆站在他人立场看问题。给予者总能站在他人的观点上去思考问题，当别人感受到痛苦时他也能体会其痛苦，当别人欢笑时他也能感到欢笑，他懂得如何去付出自己的赞美、关心和爱。

☆及时洞察他人的需求。给予者往往都有一个能力，那就是拥有很强的辨识能力，通过自己细心的观察，不需对方开口，他便能够倾听到对方内心的声音。

☆善于倾听他人的心声。给予者还是一个良好的倾听者，他们善于倾听别人的心声，找到别人的困扰之处，帮助其解决问题。

☆成就他人。乐于奉献的给予者常常通过敏锐的洞察力去洞悉他人，他们制定相关的目标和策略，从而帮助他人获得成功，但是，他们并不以此作为炫耀的资本。

☆十分重感情。给予者十分重感情，平时待人和蔼可亲，也容易为感情所动。如果给予者是领导的话，也善于从感情入手，晓之以理、动之以情，以此取得与员工之间的情感联系和思想沟通，满足员工的心理需求，从而形成和谐融洽的工作环境。

☆以人为本。给予者在与人相处时往往注重"人"的愉悦，推崇以"人"为中心，在他们的眼中，没有所谓的事业，只有人。他们非常重视他人的满意度。

☆容易赢取人心。给予者非常重视人际关系，他们拥有很强的适应能力和社交能力，能够适应各种各样的环境，并与各种人打交道，是出色的交往者。他们认为，任何人都是可以征服的，只要找到正确的方式，并加以适当的关注。

☆擅长营造关爱的氛围。在一个团队中，给予者最擅长营造关爱的氛围，他们会运用自己的热情和个人魅力来打造一个特别融洽并充满关爱的企业氛围，并拥有很多关心他人的行为，以此来获得他人的尊敬和认同。

☆权力追随者。给予者内心深处潜藏着极强的控制欲，因此他们最希望结交权贵人士，而且非常善于发现环境中潜在的胜利者，并能够让自己占据恰当的位置，成为领袖者在制定策略和行动中的得力助手。通过维护权威，给予者不但确保自己的未来，也获得了他们想要的爱。

☆幕后的支持者。与其他野心家不同的是，给予者追求权力但并不谋求经济得失，而是为了满足他们内心想得到别人尊重的需要。也就是说，即使他们拥有领导的才能，也不愿意当"老大"，而倾向于扮演"老二"的角色，因为这个位置让他们更有安全感。

给予者对别人付出太多，拥有一颗善良的心。那他就没有任何不足之处吗？其实并不是。

☆容易忽视自己的需求。给予者一直都在忙碌着他人的事情，却忽略了自己，他常常忘记自己到底想要什么，从而失去了独立思考的勇气。

☆迎合他人而失去自我。给予者为了从不同人中获得帮助的满足感，而变成不同人心中所喜欢的样子，从中失去了自我本身的性格。

☆惯于恭维和谄媚。给予者具有敏锐的洞察力，所以他能很容易地知道如何让他人高兴，从而获得他人的好感，也正是因为这个原因，一些给予者会变得不诚实、圆滑、过度恭维和谄媚，从而变成一个不干实事只会溜须拍马的人。

☆以有无"价值"区分人。给予者崇拜有权力的人,认为顺从权力者,能够相应地提高自己。因此,在人际交往时,他们常常会以有无交往价值来看待对方,对于"有价值"的人,他们会施展自己的能力,巧妙地利用,对于无价值的人,则鲜于关注。

☆用爱来控制他人。在许多人眼里,给予者心中充满大爱,他们不求物质回报,总是毫无保留地给予别人帮助,简直就是生活中的活雷锋。但如果因此而认为给予者是完全不图回报的人,那就错了,给予者其实是在遵循"先付出后收获"的原则,希冀用爱来束缚你,使你自觉地知恩图报,满足他们的需求。

☆过于注重人际关系。给予者擅长人际关系,为了和他人保持良好的关系,即使牺牲自我也在所不惜。这种"对人不对事"的生活方式常常使得公平公正的环境被破坏,容易阻碍他人的发展,也对自己的发展十分不利。

☆强大的控制欲。给予者总是温柔、和善和善解人意的,但他们渴望去控制他人,希望自己所给予帮助的人,也可以用同样的方式去对待自己。

☆忽略家庭生活。给予者总是为他人着想,给予他人帮助,却忽略了自我,忽略了自己应有的责任,这样他的家庭内部容易产生矛盾,不利于家庭内部的和睦。

九个层级的给予者

第一层级:利他主义的信徒

这个层级的给予者都是无私的、乐于奉献的,在他们的人生中,帮助他人就像是自己的责任一般，他们忽略了自身的需求，一心一意去帮助他人，并且还不要求对方给予回报。

他们的心中充满了善意，不会因为他人拥有好的运气而嫉妒，也不会因为他人坐收渔翁之利而生气，在他们的心中，只要是好的事情都可以去做，不论是谁获得利益他们都会感到高兴，因为他们觉得有人得到了好处，这就足够了。

他们看重自由，认为自己可以自由选择付出或是不付出，同样，他人也可以自由地选择回应或者不回应。而且人与人之间的关系也是自由的，他人可以选择依赖自己，也可以选择离开自己，这是他人的自由，他们不会干涉。

他们关注自己的真实感受，懂得关爱自己，也懂得为了满足自己的需求而努力，而且，他们不再将关爱自己的行为看作是自私自利的，也不担心因此而疏远他人。他们还能客观地看待他人的需求，在尊重他人意愿的基础上有选择地给予满足，也懂得适时接受他人的帮助来促进自身的发展。

该层级类型是所有人格类型中最利他的，他们帮助别人不是出于隐秘的一己之私，而纯粹是以别人的利益为导向，因而在其人际关系中，他们有一种特别的率真，更易赢得人心。

第二层级：极富同情心的关怀者

在第二层级的给予者虽然不如第一层级那样可以为他人无私无利的奉献，但是他们对他人依旧饱含同情心，总能设身处地地为他人着想，尽自己最大的能力去满足他人的需求。

他们有极强的同情心，会为他人遭遇不幸而感到悲伤，愿意同受苦之人一起去体验所受苦楚的能力，他们会陪着他人一起哭、一起伤心、一起难过,并给予他人安慰,帮助他人走出痛苦的心境。

他们慷慨大方,而且更多地表现在精神上,当然,在经济状况允许的情况下,他们也愿意为他人付出自己所拥有的物质力量。这种精神上的慷慨更多地表现为对人的慈悲和宽容上,他们对任何事都会做出正面的解释,强调别人身上的优点,而尽量淡化他人身上的缺点。

他们不如第一层级的给予者那样重视自由,较为看重他人的需求,容易忽视自我的需求。他们把自己看作是对他人怀有善意的人,因此会尽量表现出自己性格中好的一面,从而规避不好的一面。这种扬长避短的意识不仅对给予者自身的发展有益,也能更好地帮助他人的发展。

第三层级:乐于助人的人

第三层的给予者就像是古代的大善人一般,他们喜欢乐善好施,对于那些需要帮助的人给予物质和精神上的帮助,尽全力帮助他人渡过难关。

他们用自己的行动表现出自己的性格特征,喜欢当一名慈善家,当他人遇到困难时,便慷慨地将食物、衣服以及药品等送给他人。即使当这个事情超出了他们的能力范围外,也会毫不懈怠地去帮助他人。因为从一开始他们便表现出自我牺牲的意识了。

尽管此时的给予者出现了自我牺牲的倾向,但他们仍旧对自己的能力和需要有着清醒的认识。尽管他们乐于以力所能及的方式真诚地帮助别人,但他们也知道自己的精力和情感的限度,因而不会超出这个限度。他们在照顾别人的时候,也在照顾自己;在照看别人的健康的时候,也在照看自己的健康;在劝告别人要注意休息和娱乐的时候,也要求自己这样做。这样清醒的意识,使得给予者总有足够的精力充分地享受生活。

他们喜欢和他人分享生活中的快乐以及自己的兴趣爱好,寻求共同的快乐，因此他们常常和他人聚在一起，进行读书、唱歌、表演、烹饪等活动。此外，他们在帮助别人的行为中体会到仁爱的快乐，也乐于和别人分享这种快乐。

第四层级：热情洋溢的朋友

健康状态下的给予者突出的是其性格中好的一面，因此他们真的非常善良；而一般状态下的给予者开始凸显性格中不好的一面，他们的性格有向恶的趋势，对他人的赞美和付出有开始索取回报的倾向。

第四层级的给予者总是希望自己对他人的付出能得到别人认可，过于注重两人之间的亲密关系，而忽略了人际交往的其他因素，他们总以为只要人们之间关系越亲密、越特殊，两人的关系就会越稳定。

他们希望别人看到自己的付出，还喜欢谈论彼此之间的关系。

他们是自信的，相信自己某些有价值的东西可与他人分享，那就是爱和关注。他们对自己的善意深信不疑，会为自己所做的一切事情给出一个让人满意的解释。然而，他们并没有想象中的那么大公无私，自我之心已经膨胀，虽然他们很努力不让这些显现出来，尤其是不让自己意识到，但还是会或多或少地暴露出来。他们多信仰宗教，有着十分虔诚的宗教情怀，并会因为宗教的信念而想为别人做点好事。因为宗教强化了他们心存善念的自我形象，使他们能够更有依据地界定真诚。而且，宗教也给了他们一套词汇和宝贵的价值系统，使他们可以谈论爱、友情、自我牺牲、善良等，所有这一切都是他们喜欢的话题。他们喜欢和人进行身体接触，接吻、触摸及拥抱等都是他们外向的自然表现，也是他们的风格。在人际交往中，当他们想要安慰或赞同他人时，经常紧握对方的手或搭对方的肩膀，给对方温暖和力量。

第五层级：占有性的"密友"

第五层级的给予者总喜欢成为一个重要人物，拥有很强的占有欲，所以在一个大家庭或者一个群体中，他们总希望大家能把所有的目光都围绕着自己。他们常常关怀他人，给予他人帮助，因为这样他们就会感觉别人信赖自己，可是这样的行为也会在别人不需要的时候强行给予，这样不仅让给予者得不到他人的报答还会使别人感到厌烦。

他们开始变得唠叨，喜欢喋喋不休地谈论自己的朋友，并且事无巨细。同时，他们也喜欢打探别人的隐私，以便更好地了解对方的需求。然而，他们却很少暴露自己的隐私，这就形成了一种不对等的沟通，常常使对方为难。

在和他人相处时，他们总喜欢和他人建立牢不可破的关系，然而，世界上没有绝对的朋友，因此给予者开始担心受到他们照顾的人爱别人胜过爱自己，而且他们相信，只有别人需要自己，才能稳定彼此的关系。因此，他们越来越多地使用各种方式让他们所爱的人需要自己，而且，他们还决不允许将自己的这种行为看作是自私的表现，而认为那是无私的爱。他们对自己亲密的朋友开始表现出较强的占有欲，嫉妒心也越来越重，对他人的情感变得越来越没有安全感，担心一旦所爱的人走出了自己的视线，就可能会离开他们，因此，他们不会介绍自己的朋友或鼓励自己的朋友相互认识，因为他们担心自己会被甩掉。所以，当别人陷入危机时，他们会偷偷地高兴：这给了他们机会去扮演领袖者的角色，使他们被需要的愿望得以实现——至少是暂时的满足。

他们表现出的自我牺牲的精神，使得他们把每一个痛苦、不便和需要花费心血的每一个问题都加以夸大，从而极大地增加了自己的心理负担，因此容易产生轻微失眠、疑病症等心理疾病。

第六层级：自负的"圣人"

第六层级的给予者内心已经变得膨胀，自认为自己对他人做了许多的好事，所以别人应该要感激自己，而自己获得别人的感激也是理所应当的。可是，当他们没有收到别人回报的时候，那么就会变得愤怒，从而去指责他人。

他们开始注重自我形象，努力将自己塑造成一个无私的圣人形象，自负地认为自己是不可或缺的。他们赞扬自己，用看似谦逊的词语来吹捧自己的种种美德。而当别人置疑时，他们就会表现出一定的攻击性。

他们开始渴望他人的回报，需要他人不断地感激。他们希望别人能投其所好，这样才能表现出自己的重要性；他们觉得别人应当以现金或其他形式回报他们之前的付出，不论那些付出是真正做到的或只是口头说说而已。而且，即便是很久以前的善行，他们也会记得一清二楚，并认为受惠者永远欠自己人情。总之，该层级的给予者总是高估了自己以往为他人所做善事的价值，却低估了他人为自己所做的一切。

他们从不承认自己的负面情绪，因为他们认为，如果承认了这些，自己很快就会被抛弃。事实上，情况可能恰恰相反。当他们不想承认自己日益增长的伤害和愤懑时，他人无疑会感觉到，从而对给予者产生厌烦感。

他们对他人情感上的回应一直怀有极端的渴求，因此他们从来不会去想这些情感是否合理。一旦他人给予关怀的暗示，哪怕那种暗示极为微不足道，他们也会急切地想要融入能给予他们某些关注或情感联系的情境中。因此，该层级的给予者容易在感情中出轨，或是做出背叛朋友的行为。

第七层级：自我欺骗的操控者

第七层级的给予者又向性格中不好的一面迈进了一步，其最明显的影响是：他们开始自我欺骗。

给予者要完成第六层级到第七层级的转变，往往需要一种环境背景，或是受到长期的伤害，抑或是一场重大的人生灾祸，而这些灾难一旦发生，给予者在心理上就会经历一种糟糕的剧烈转变，从而激发起性格中的恶势力，滋生出较强的攻击性。然而，他们又因为要维护"好好先生"的形象，所以还总是掩饰自己的攻击性。而掩饰攻击性最好的方式，就是通过操纵他人来攫取他们想要得到的那种爱的回应。但是不管怎么说，即使是操纵别人，所获取的回应也永远无法满足他们的需求。

他们喜欢以"助人者"的形象出现，通过帮助他人来操控他人。而且，喜欢让一个人与自己对峙，但又不让对方察觉。他们常常在暗地里用一只手在别人柔弱的部分扎上一针，又用另一只手安抚伤处；他们一方面把你弄得很消沉，另一方面却以暧昧的恭维来支持你的自信心；他们一边从不让你忘记你的困难所在，使你觉得未来毫无希望，另一边却又向你保证永远和你站在一起；他们撕开你的旧伤，然后又赶紧跑到你身边把伤口缝合起来。他们成了你最好的朋友，也在不知不觉中成为你最可怕的敌人。

他们经常运用自我欺骗的手段来欺骗自己，将自己所做的事情都认为是好事，无论给他人造成了伤害还是破坏，都认为是自己给他人所做的善举。他们认为自己是充满善意的，不会去伤害他人，自己的良知是明澈的，自己爱着所有的人。

他们害怕被抛弃，具有强烈的不安全感，因此常常怀疑别人，对他人感到愤怒，对生活感到挫折。而随着愤怒和挫折继续"积聚"，他们开始暴饮暴食甚至用药，这时，他们已经有疑病症的倾向，但是对心理治疗有着一种顽固的抵触情绪。而且，甚至还会利用自己的心理疾病来作为吸引别人注意的手段。

第八层级：高压性的支配者

到了第八个层级，给予者对他人的控制欲非常地强烈，他们强制性的要求他人对自己付出爱，自认为自己拥有所有的权利，可以让别人去付出甚至向别人索取想要的一切。

他们时刻都希望得到爱，也时刻害怕失去爱，这种对失去的恐惧常常使得他们歇斯底里，甚至变得极其不理性而且非常难以应付。他们不再维持自己无私的"助人者"形象，而将自己定位为接受者，因此他们往往无比自私，坚持认为他人必须把自己的需求摆在第一位。此前他们的自我需求间接地通过各种服务于他人的方式寻求满足，现在却冲到前头，直接要求别人给予，而且就像是报复一样地要求别人。

他们渴望得到他人的爱，尝试运用一切手段让别人来爱自己，丧失了正常人的人生观和价值观，变成一个所求被爱的病人。也许这一切都源于童年时遭受虐待，使得他们在缺爱的环境中成长，也有可能在生活中发生了一些事情，使得他们的心理发生了扭曲。

现在的他们不再隐藏自己内心的仇恨和愤怒，并希望通过不停地抱怨及批评来吸引别人的关注，他们会毫不客气、尖锐地抱怨别人是如何糟糕地对待自己的，他们的健康如何受到了损害，如何得不到感激……但那是一种错误的关注，因为这样不仅得不到对方的爱，反而会引起他人的怨恨和愤怒。但他们已不在乎这些，他们更关注抱怨、批评别人带来的复仇的快感。

第九层级：心身疾病的受害者

第九层级的给予者只能用病态来评价他们，因为他们的性格已完全扭曲，要求他人无条件地去关爱他们，当发现自己没有得到他人的关爱时，就会运用各种方法去得到他人的关爱。

他们希望自己一直生病，因为这样，别人就会一直对他们进行关注和关爱。而且，在他们生病的时候总认为这是自己对他人做出的牺牲，要不是自己对他人无私付出，自己的身体也不会累垮了。这样也使得他们逃脱了自己应尽的责任，给予内心安慰。

他们常常将自己的负面心理传达给自己的身体，将自己的焦虑转化为生理症状，从而满足生病的需求。因此，他们通常是许多神秘疾病的患者，包括皮疹、肠胃炎、关节炎以及高血压等。在所有这些疾病中，压力都是主要致病的因素。在他人看来，给予者的这种行为是一种受虐狂的享受，其实不然，他们并不享受生病所带来的痛苦，享受的是病痛带给他们的种种好处，尤其是他人对自己的关爱。

想要成为给予者朋友的几种方法

当遇到给予者时你可以采用以下几种方法，便可以与他们友好相处了。

1. 在与给予者相处时一定要学会真心待人，因为当他们发现你并不是真心对待他们时，便会非常生气，甚至和你断绝所有来往。

2. 给予者总是愿意为他人付出，但是却不愿意接受别人的帮助。所以，当你想要给予他们帮助时，首先要告诉他们你帮助他们的理由和要帮助他们做什么事。

3. 当给予者帮助他人的时候，不喜欢对方无所谓的样子，所以，如果给予者帮助了你，你一定要对他的帮助给予回应，哪怕只是一句谢谢，也表示出你对他帮助的赞扬。

4. 在他们的情绪波动时或若有所思以及急性子发作时，最好询问他们当下有什么感觉，有什么难办之事，有哪些方面需要你的帮助。这样，他们会很感谢你。

5. 如果他们想帮助你做事，你又不需要时，一定要告诉他们不需要的原因，包括你的真实感觉，不可冷冷地拒绝。

6. 假如你是他们的领导，或者与他们共同完成一项工作时，一定要与他们勤沟通，不要让他们埋头苦干。

7. 与他们谈话时，如果他们没有理解而把锋芒转到你的身上，不要以为那是他们对你的真实恶意，可以这样对他们讲，你对他们的真实看法很好。

8. 当他们向你示好，并准备和你交朋友时，你要给予回应，表示愿意和他们交往。

9. 当他们发现你想和他们交朋友时，你要做好心理准备，因为接下来他们会将自己的关注都投向你，给予你力所能及的帮助。

给予者的职场攻略

给予者的权威关系

在给予者看似无私付出的背后，隐藏着他们对权力的渴望，他们深知，获得权力是满足自身操控欲的最基本前提。

一般来说，给予者的权威关系主要有以下一些特征。

☆给予者是权力的追随者，即便他们不是掌控权力的领导者，也会希望得到当权者的喜爱，因此他们会以种种方式去满足当权者的需求，以讨得当权者的欢心。

☆对于给予者来说，当权者喜欢什么样的人，他们就会把自己变成什么样的人，他们非常善于根据当权者的喜好来改变自己。

☆尽管给予者也具备领导者的能力，但他们还是倾向于扮演宰相，而不是国王。因为这个位置让他们更有安全感。

☆给予者具有敏锐的识人能力，因此他们非常善于发现环境中潜在的胜利者，并懂得投其所好，在幕后为其出谋划策，扮演一个好帮手的角色。

☆通过维护权威，给予者不但确保了自己的未来，也获得了他们想要的爱。

☆尽管给予者并不承认自己帮助领导者是为了获得回报，但他们的确非常在意领导者的表态和意见。他们会从自己的角色中谋取利益，不过对他们来说，最大的利益就是永远位于领导者的核心关系的范围内。

☆给予者深知要想获得权力，先要获得人心，因此他们十分注重人际交往，也十分擅长处理人际关系，总是能够让自己融入团队的主流中，在团队中拥有较大的影响力。

☆给予者希望人人都喜欢自己，因此他们很少会选择一个不受欢迎的位置，除非这个位置背后有一个更强大的权力集团。

☆给予者善于观察他人的需求，因此他们能轻易分辨出哪些人物是需要精心对付的，哪些人物是不用浪费时间的。

适合的环境

给予者因为其独特的性格特点，在一些环境中能很好地适应。

给予者喜欢帮助他人，因此他们适合在接触人比较多的行业中发展，以便有机会去帮助他人，并从中得到满足。比如，给予者可以成为支持环保事业的呼吁者、社会服务的志愿者，以及其他对社会有帮助性质的行业。

给予者有着极其敏锐的识人能力，他们总是能够轻而易举地接触到那些权威人物，并能引起权威人物对他们的好感，因此，给予者也可以从事那些能够让他们对权威给予支持的职业。比如，给予者可以成为某个宗教领袖的门徒，可以是摇滚歌星的粉丝，可以做总裁的秘书，或者其他领导人物的得力助手。

给予者内心深处具有极强的操控欲，渴望获得他人的认可和赞美，因此给予者也适合从事能充分展示自身魅力的职业，比如化妆师、歌舞团的女演员或者个人色彩顾问等。

不适合的环境

给予者因为其独特的性格特点，在一些环境中很难适应。

给予者有着极强的依赖感，因此他们不适合从事需要独自安静工作的职业，比如画家、作曲家、作词人等艺术工作。

给予者甘于付出的本质在于渴望回报，因此他们不会去从事那些不被社会多数人认可或赞同的行业，比如讨债公司。

给予性格的领导者最爱听话的员工

职场上，大多数领导者都喜欢听话的员工，但给予性格的领导者更喜欢听话的员工。这是因为给予者往往有着较强的控制欲，他们希望通过付出的方式来赢得别人的认可，并据此达到他们操控他人的目的。因此，给予性格领导者的管理方式往往是：谁听话我就喜欢谁。

如果你的领导者是给予者性格的人，只要尽量服从领导者的安排，你就能讨得领导者的欢心，让他喜欢你、提拔你，给你涨工资，为你提供好的福利。相反，如果你面对给予性格的领导者的安排，总是持不满意见，据理力争，表达你自己的想法，就会给给予性格的领导者留下一个"你不听话"的坏印象。要知道，给予者最讨厌别人拒绝他的帮助，当一个员工拒绝给予性格的领导者的安排，给予性格的领导者就觉得这个员工辜负了他的好心，就会变得冷酷起来，即便不会故意刁难这个员工，常常也会采取忽视的态度。

如何做一个听话的员工，讨得给予性格的领导者的欢心，同时又表达自己的观点，并争取到他的支持，你需要注意几点和给予性格的领导者的相处技巧：

定期向领导者汇报工作情况和情绪，以便让领导者做出准确的下一步行动判断。

接受领导者交付的任务时，不要问太多细节。

自己对任务进行分析，拟订一套执行方案后，再与领导者进行较为深入地沟通。

遇到问题后自己先想办法解决，解决不了就要及时寻求领导者的帮助。

与领导者意见不同时，不要直接与其发生冲突，而应私自找机会或者发邮件表示不同看法。

让给予性格的员工自觉"很伟大"

给予者喜欢用付出来换取回报，从而达到他们操控他人的目的。由此看来，给予者也是一个典型的权力追随者，他们通过"服务者"的形象来扮演权威的幕后操控者。

他们认为，间接地参与领导工作要比直接面对对手更轻松。因为通过扮演幕后操控的管家角色，给予者能够自由观察，试探他人。他们在完全认同领导者的安排的同时，也会在团体内部发展一个强大的网络体系。对于给予者来说，这是一个完美的权力位置。他们的建议决定了什么样的需求能够得到满足，他们能够帮助整个团体，同时又能维护他们的自身利益。而且，在面对压力时，他们会让团体的成员齐心协力，共渡难关。

面对这样的幕后操控者，领导者不得不忍让三分。只要领导者能给予这种性格的员工足够的尊重和认可，让给予性格的员工找到"我很伟大"的感觉，他们不仅会甘心屈居幕后的位置，还会全心全意地为领导者出谋划策，并调动其所拥有的强大的人脉力量，帮助领导者获得更好的发展。

让给予性格的客户替你营销

给予者喜欢帮助别人，满足他人的需求。只要你细心观察就会发现，给予者总是带给人们大量的经验信息，比如，你正准备买手机时，给予者就会根据他自己的经验来帮你分析哪款手机性价比高。总之，只要身边的人有需求，给予者总是竭尽所能地尽量满足。此外，给予者带给他人的大量信息常常刺激他人的欲望，促使消费行为的产生。

从给予者的这个特征来看，可算得上企业之外的最佳营销员了。因此，营销人员在面对给予性格的客户时，就要有"让客户替我营销"的概念，尽力取得给予性格的客户的信任和支持，并维持良好的合作关系，增加你的营销业绩。

恋爱中的给予者

给予者的恋爱关系

在给予者的恋爱关系中，能够帮助伴侣发展，因为他们认为"如果对方获得了发展，也会激发自我的优点"。但给予者也容易成为伴侣的监控人，为了完全控制对方而给予伴侣过度的关怀，常常引起伴侣的反感。

一般来说，给予者的恋爱关系主要有以下一些特征。

☆给予者喜欢具有挑战的两性关系，他们的目标总是那些有点距离感、不会轻易得到的人，因为追求这样的人会让给予者很兴奋，容易激发他们的潜能。

☆给予者容易被充满障碍、很难开花结果的情感关系所吸引，这样他们就不需为对方付出过多。

☆给予者容易被一些外表卓尔不凡的"人物"吸引，喜欢接近那些"成功的男人"和"出色的女人"。

☆给予者认为性和吸引就等同于爱。

☆给予者害怕被拒绝，因此他们常常主动出击，希冀用自己的付出来换取他人对自己的信赖，如此便可拥有安全感。

☆给予者喜欢迎合那些他们喜欢的人，并根据对方的喜好来改变自己，以吸引对方的目光。

☆给予者倾向于以表现尊卑及服务别人来操纵人际关系，以此占据别人生命中不可取代的重要位置。

☆给予者容易与伴侣同化一体，在精神上为对方承受很多压力，乐于分享对方的成就。

☆当给予者花在伴侣身上的心思不被体察时，他们会有过度的情绪反应，比如埋怨、愤怒、指责等，其目的在于竭力激发对方产生的内疚感，给予自己期望的回报。

☆当给予者和伴侣的关系稳定后，就会对伴侣产生极强的依赖感，希望时时刻刻和伴侣厮守在一起，从而使得彼此没有自己的空间，这常常让伴侣喘不过气来。

☆当给予者和伴侣关系稳定后，就会逐渐发现自己为了讨好伴侣而出卖了真正的自我，这时，他们因感到自我被束缚而会发脾气，也很有可能开始反对伴侣想要得到的一切东西。

一边给予，一边索取

在爱情中，给予者非常关注对方的感受和需要，他们会把对方的需要和感受放在首位，不惜改变自己来适应对方，有时甚至通过牺牲自己来迁就对方。

当给予者爱上一个人时，他们就会以对方的兴趣和梦想为目标，主动学习对方喜欢的东西，涉足对方感兴趣的领域，并付出自己的一切努力，调动自己的一切资源，来帮助对方实现梦想，希望借出这样不断付出的行为来获得对方爱的回应，因为自己被对方需要而满足。

但是，在爱情的世界里，不是有付出就有回报，许多时候，给予者单方面付出的行为获得的不是对方的肯定，反而是对方的否定，因为这些全心全意的付出给了对方太大的压力。因此，给予者在付出爱的同时，也别忘了向对方索取爱的回报，这才是真正惺惺相惜的爱情。

懂得欣赏"距离美"

给予者以满足他人的需求为己任,他们时刻关注伴侣的需求,时刻都希望能够与对方厮守,追求一种如胶似漆的亲密感。因此,给予者会非常细心地关照和重视对方的一切,包括对方的家人和身边的朋友,有一种爱屋及乌的感觉。

然而,给予者也需要感受到对方对自己的关爱和重视,需要感受到对方感激自己所付出的爱,因此给予者在倾心付出爱的同时,亦需要能在对方身上收获一种能够依赖的感觉。这种依赖常常让给予者的伴侣倍感压力,从而产生逃离的念头。

心理学研究表明,人与人总是处在一定的空间距离的位置关系上,这种空间关系在特定的环境中传递着不同的心理感受,人们在友好时接近,在对立或关系疏远时保持一定距离。所有这些都说明:在审美活动中保持适当的空间距离是必要的,必须把空间的远与近有机地结合起来。爱情更是如此,要想维系一段甜蜜的爱情,必须要懂得营造彼此的"距离感",才有吸引对方的美感。

因此,给予者不要再时时刻刻地关注伴侣的需求,更不要像个保姆一样时时刻刻为你的伴侣服务,而应更多地关注自己的需求,这样不仅利于提升自己,也能拥有源源不断的吸引力,吸引伴侣的关注。

小心陷入"三角恋"

给予者喜欢关注他人,也喜欢对他人做出有价值、无价值的区分判断,从而让自己接近并迎合那些权威人物,来满足自己被认可的欲望。正因为给予者具有这样的性格特点,就很容易被那些"成功的男人"和"出色的女人"所吸引,不自觉地迎合他们,竭尽所能地讨好他们,以博得他们对自己的好感。给予者这样的行为，常常造成自己和那些"成功的男人"或"出色的女人"之间的暧昧关系，陷入三角恋情而不自知。

而且，即便是给予者发觉自己和他人的这种暧昧情愫，也不会强迫对方接受自己的感情。因为给予者喜欢付出胜于索取的性格，决定了他们并不要求完全占有自己的爱人，但他们希望自己是那个能够真正理解对方并被深爱的人。即使不能得到承诺和名分，只要他们认为自己才是对方生命中不可或缺的一部分，就满足了。所以，当给予者和已婚者发生暧昧关系时，他们往往不希望破坏对方的家庭，也不想侮辱对方的合法伴侣，只是想在对方心中占据特殊的地位。但是，给予者这种对待暧昧关系的态度，不仅是对他人的伤害，更是对自己的伤害。而且，给予者内心深处还是坚信"付出是为了回报"的人生态度，也就是说，在暧昧的感情里，当给予者发现自己不再是对方心目中的"男（女）神"之后，就会变得冷酷无情，对其实施一些报复行为。

给给予者的建议

在帮助别人时先认真地倾听对方的想法和感受，弄清楚什么是他们真正需要的，在自己的能力范围内提供他们需要的帮助，而不是出于讨好或者满足自己成就感的目的去帮助别人，这样既让你的帮助体现出了应有的价值，也让对方真正得到了实惠，还不会因为出力不讨好而烦恼，可谓一举三得。

你的善良和无私的确能够打动别人，你的慷慨与热情也会让自己享受到付出的快乐，从来不求等价的回报让你赢得了众人称赞的好口碑，但实际上，在你的内心里还是希望能够在付出后得到应有的回报，当然不是物质上的，而是感情和精神上的。你希望别人能记住你的付出，并且对你的帮助给予积极的响应，哪怕只是一句发自肺腑的感谢之词也能让你满足，但如果他们对你无动于衷，就很可能会让你情绪低落，产生强烈的挫败感。这时候请不要急于把内心的不满表现出来，试着去觉察、去体会，发现对方内心真实的想法和需要，真诚的沟通才会化解你们之间的误会。或者干脆在心里克制自己产生"我帮助了别人"的念头，从开始就让自己坦然地面对做好事的这种行为，不要把它当做什么了不起的值得一提的事，顺其自然，如果别人真的感激你，自然会在心里记住你，万一别人不领情，那你做的至少也不是坏事，所以也无须后悔懊恼。

慷慨的你有时也需要学会控制自己的冲动，不要过分强求自己一定要为别人付出什么，要相信他们自己也有能力做好，不是没有你就不行。再说你也有自己更重要的事情等待解决，总把精力放在别人身上会耽误了自己的计划，影响自己的生活。

善待自己的朋友，不要总想去独占一份友情，也不要奢求分享很多人的情感。每个人都会渴望一个隐秘的个人空间，所以当朋友不愿意讲一些事的时候不要去强求，要记得：给对方余地就是给自己余地。要想友谊发展得长久，就要学会用智慧去经营朋友间的感情。

或许在你帮助别人的时候，连你自己都不清楚你这样做的真正动机，是真的出于无私的爱和关怀，还是带有取悦和讨好的个人因素，所以在这种时候最好先停一停，尽量把心里不好的动机清理一下，再去考虑怎么帮助别人。因为你的目的是让他人接受帮助、感受快乐，而不是只让自己获得心理满足。如果有一天你能够真正培养出无私爱人的情操，那就能体验到生活和人生的美好了。

5

不遗余力的实干者

案例分享

一说起小王的上司，大家都不由得惊叹，只能用"工作狂"来形容他。小王经常说："我的老板总是早来晚归，每天都显得非常的忙碌，一点空闲时间都没有。而且不管是娱乐消遣，还是在工作中，他都要当胜利者。"有一次，小王和上司在一起聊天，上司对小王说："我觉得我自己对任何事情都非常投入，所以不管我做什么，都能将事情做好。所以，我对自己的要求是很紧迫的，当然我也不喜欢看到他人拖拉。如果我在工作时，遇见我的下属做事拖拉不断出现问题，我会先忍耐住，给予他们鼓励，如果他们还是不求上进，那就只有另请高明了，因为我不想知道他们那些失败的理由，这些都是他们的借口。在我的团队里面，你要体现的是你的价值，而不是你碌碌无为的样子。因为我很在乎别人对我的团队的看法，所以，我要求自己和他人都要表现得最好。"

实干者的新名字：不畏艰险的勇士

实干者总是显得很紧迫，他们善于寻找自己的目标，而当他们找到目标后，便犹如狼一般迅速解决，在他们眼中效率就是自己生存的体现，所以他们解决障碍的能力，是他人所不能及的。而且正是由于实干者善于寻找目标，他们也很容易将自己的目标转移到他人的身上，所以在他人看来，实干者又是一位喜欢和他人竞争的角色。当他们在与别人竞争时，很在乎他人对自己的看法，所以竞争的气魄就体现出来了。

实干者非常注重自己的外在形象，所以他总能给人留下美好的形象。但是在他人眼中，实干者虽然有外在美好的形象却没有人情味。因为实干者总能很敏锐地察觉出哪些人能帮助自己达成目标。成长健康的实干者，不同于其他实干者，他们开始倾听自己内心的声音，从而发掘出最真实的自我。

他人眼中的实干者

在他人眼中，实干者总是能跟随不同的人而变化自己的形象，他们就像是变色龙一样，当遇到外界环境如时间、地点、人物发生变化时，他们就会改变自己的样子，将自己伪装起来，让别人找不到最真实的他。

实干者有着老道的社交经验，所以在任何环境下都能灵活自如地与人交往，而且他们总能给予他人鼓励从而获得同伴的喜爱，但是当他们与人交往时，却不像是他们在社交方面那么简单了。在与人交往时，他们时常会陷入焦虑和慌张之中。虽然对他们而言，与人交往可以当成做事一样简单，但是，结果却并不是他们所要的。

实干者给异性伴侣带来了乐观，但是他们总是觉得自己不可爱，不能得到伴侣的欢心，实干者总是感觉他和伴侣的关系就要走到尽头了。他们中的一些人会避免长期的亲密：异性亲密的关系对他们而言压力很大，如果选择特定对象，他们所能掌握的也很有限。如果有共同的事在做，会比较容易些。

当实干者所面对的事业与爱情发生冲突的时候，他们会毅然决然地放弃自己的爱情，因为在这个时候，他们觉得自己的感情犹如障碍物一般，阻碍了自己通向成功的道路，他们有时会通过在亲密关系面前毁灭自己的形象，以避免给自己的事业带来麻烦。

实干者眼中的自己

我非常重视他人对自己的看法，就像小的时候我非常重视父母对我的看法一样，也许这一切都是小时候所养成的。在我小的时候，我的父母就对我实行专制制度，所以我会将父母的喜好和期待当成自己行动的目标，这样父母就会为我的优异表现而感到骄傲自豪，而我也会得到父母的微笑与认可。

正是因为这样，现在的我也是一直追求着成功，通过自己的努力取得他人的认可。

我无法容忍自己或他人的懒散、粗心，因为这样会让我很容易走向失败。我憎恨失败，它让我失去赞扬、失去认可，所以我总是不择手段去追求成功，这样便可以得到别人的赞美和尊重了。

我时常觉得自己有很强的创造能力，因为我总能想象出一些新的点子。但是，创造力并不是我想要的才能，我希望自己能有强大的领导才能，因为领导才能的魅力不仅可以让我崇拜自己，还可以让我得到他人的崇拜与认可。我只知道在我当领导者的时候，由于我过于专注自己的工作效率，而忽视了他人的才华及所做的贡献，进而激怒了一些真正的贡献者。

我从小便懂得察言观色，虽然不容易分散精力去关注别人，但看到别人为此生气时，我也会立刻施展自身魅力去安抚他们。由于经常的疏忽，这样的事情会一再发生，最后同事对我的怨恨十分严重，背后的批评声不断，我再也得不到别人的支持，这时我就会觉得有挫折感，且再也无力去处理及面对困难，往往倍感孤寂。

我是一个以工作为导向的人，常常尽力将工作和生活分开，而且我将自己全心投入到公众人物形象上。我非常讨厌失败，也害怕平凡，我要与众不同，因为我需要倍感自己的优秀，才能肯定自己并随之增强自己的能力，所以我努力提升自己在专项工作上的能力及智慧，同时我也知道如何加强人际关系并用各种方法去争取成功、声望、金钱和地位。所以，常有人说我是"形式重于实际"的人，说我太过市场化、太重包装，但内在却不实。我却认为商品包装本身就是商品的一部分，而形象价值取向也是合理的，我并不以此为过。外表出色不一定表示内在的质感不佳，这肯定只是别人嫉妒我的一番说辞而已。

输赢乃人生常事，但是，我却永远不愿意做一个失败者，成功在我内心是无比重要的。我不喜欢别人的批评，因为它是我失败的见证，所以我很难去接受他人的批评，更不会进行自我批评。我只会让别人看到我成功的一面，所以我便会将自己失败的地方用成功的一面遮蔽起来。

我喜欢工作，所以我也喜欢和他人分享自己的工作。我的朋友有很多，但大多数都是工作上的朋友，只是为了各自的利益而串联在一起，而真正亲密的朋友却少之又少。虽然，我很想珍惜这些工作上的友谊，但是，却不会维持这种友谊，当我见到他人心烦或者生气的时候，我总会不知所措，有时真想一走了之，这样就不会被这些场面所困扰。虽然，我偶尔也会安慰一下他们，但总感觉自己一直在和他们讲道理，表达出来的意思却是希望他们不要让心情耽误了工作，可以快速地从情绪中脱离出来，投入到工作之中。

实干者的身体语言

如果在生活之中你和实干者有过交往，只要细心观察他们的行为，你便会读懂实干者的身体语言。

1. 实干者的身材和他们的衣服一样，永远不会处于过度的样子，因为他们十分注重自己的形象，所以总能在光鲜亮丽之中又不会显得哗众取宠。他们喜欢针对环境来着装，以使自己从根本上更好地融入环境中，但又不失自己的独特风格，以便轻易获得他人的好感。

2. 实干者的眼神里常常充满自信，在与他人交谈时总能专注地望着对方，而且眼神里还流露出自己内在的实力和魅力，让人们有一种渴望与其接触但又怕被刺伤的感觉。

3. 实干者喜欢塑造挺拔的形象，因此会努力让自己"站如松，坐如钟"，但他们肢体语言非常丰富，大多数情况下很难安静地坐着，其刻意控制自己体态的做法，会给人一种刻意表演的感觉。

4. 实干者在交谈时总喜欢搭配着自己的肢体动作来表达出自己的想法，所以，他们又给人活力四射、永远不疲惫的样子。

5. 实干者总是根据他人的期待而努力，所以他们总能满足各种类型的人的心理需求，而他们的态度也显得比较圆滑，总能用自己的语言能力让自己迅速融到各种公共场合之中，并成为众人的焦点。

实干者的闪光点和不足

实干者总是给人以王者的形象，他们努力拼搏、愿意吃苦，对工作充满激情、负责任，而且，他们的热情常常能感染到身边的人，总是不断学习；不论是对自己，还是对工作，他们都严格要求自己；他们身上还有许许多多的闪光点，等待着你去发现。

1. 注重形象。实干者觉得自己是他人的表率，是成功的典范，所以，自己要将最好的一面展现给大家。因而他们在与人相处时，多给人以绅士和淑女的形象。

2. 充满干劲。工作狂这一称号对实干者来说是再好不过的了，他们总是全身心地投入到工作中，而且他们在追求目标时也是干劲十足。

3. 追求成功。实干者非常厌恶失败，所以成功便成为他们做任何事情的要求，他们以成功为乐，无论在这个过程中遇到多大的困难与艰险，他们都会不懈地努力，直到成功。

4. 善于激励他人。实干者往往用自己成功的经历作为案例来激励他人，让他人像自己一样在做事时全身心地投入到工作中去，从而激励他人走向成功。

5. 极强的说服力。实干者也是一个口才演讲家，他们很善于表达自己的想法，用最简洁的语言让人们明白、理解并接受。

6. 勤奋好学。实干者具有强烈的上进心，为了追求成功或者维持成功，他们总是坚持不懈地探索新的目标，争做行业先锋人物。

7. 喜欢竞争。实干者把胜利作为自己的第一需要，所以处处表现出竞争性。他们喜欢竞争、迎接竞争、参与竞争，甚至挑起竞争，因为他们希望通过竞争的方式来证明自己的价值。

8. 擅长交际。实干者是天生的交际能手，他们开朗健谈、机智幽默，常常给人留下深刻的印象。他们也喜欢接近那些能帮助自己事业发展的人，并懂得利用所拥有的人脉资源来寻求更多的发展机会。

9. 天生的领袖者。实干者具有天生的指挥欲和领导欲，他们忽视个人感受，只重视他人的价值，并懂得利用他人的价值来为自己的目标服务，突出自己的成功。当他们在领导岗位上时，能够纵观全局，知人善任，合理地委派工作，营造最高效的团队氛围。

10. 注重效率。实干者注重效率，他们认为速度胜于一切，总能专注于手边的任务，全身心投入，而且精明敏捷，所以做事绝不拖泥带水。

实干者总是为了他人的需求而生活，这样使他们很容易迷失自己，别人也无法去认清真实的他们。所以，实干者身上也有一些不足之处。

1. 忽视感情。实干者喜欢追求自我的成功，所以他们往往将自己全部的精力都用在追求成功上，从而忽视了家人，忽视了个人的感情。

2. 自我欺骗。实干者总是根据不同的环境来改变自己的角色，但无论在什么环境中，他们都要保持成功者的形象。所以，当他们在不断变换角色过程之中时，往往会迷失了真正的自己，给自己的内心营造出自己在任何方面都会成功的心理。

3. 独自承受负担。实干者做任何事情都喜欢亲力亲为，但是他们的心理却和完美者不一样，实干者觉得自己天生比他人优秀，所以自己所做的事情也总比他人好。

4. 不择手段地去争取成功。有人觉得实干者是不择手段的人，因为他们会为了自己的成功而去努力，在努力的过程中他们会选择走捷径，甚至会为了自己的成功而牺牲一切。

5. 不能面对失败。实干者厌恶失败，当他们真正失败的时候，就像是换了一个人，意志消沉、非常沮丧，难以重新去追求新的目标。

6. 过于追求名望。实干者特别看重自己的名利，因为他们觉得这些名望就是他成功的标准。

7. 典型的工作狂。实干者认为，工作是实现成功的重要方式，因此他们会全心全意投入工作中，每天从早忙到晚，无视家庭和个人健康，一味地追求工作所带来的金钱、成就和荣誉，将自己变成了一个彻头彻尾的工作狂。

8. 唯才是用。在实干者的眼里，人只有两种：有价值与无价值。他们坚信："不管白猫黑猫，抓到老鼠就是好猫。"因此，只要下属工作能力强，实干者就会忽略这个人的品德等其他方面，选择重用他；相反，如果一个下属工作能力较差，实干者又缺乏深入了解其内心世界的耐心，就会干脆放弃他，甚至是找能者代替。这时的实干者会给人自私、不近人情的恶劣印象。

9. 急功近利。实干者过于关注结果，容易忽视过程，因此他们做事情总是急功近利，而且会为了摆脱眼前的状况，不顾未来的利益，看似当时得利，实则导致了最终的失败。

10. 自恋自大。实干者总觉得自己是个成功者，自己比他人优秀，认为他人都不及自己，就这样让自己养成了自恋自大的性格，从而看不清自己的缺点。

九个层级的实干者

第一层级：真诚的人

第一层级的实干者很客观，他们关注自己内心最真挚的情感，会询问自己的内心需要什么，他们会客观地看待任何事物，认清自我的发展，也不会为了别人的肯定去追求那些虚荣的东西，更不会为了别人的赞赏而奉献所有。

他们以自我内心为导向，专注自我成长，他们做事情时能表达出自己最真实的情感，但是却不会感情用事。他们追寻着自己的人生真理，然后以真诚的态度去面对生活。

他们懂得去接纳自己，不被这个浮夸幻想的世界所诱惑，从而认识到真正的自我。他们能清楚地认识自身的天赋和潜能，而且还能正确地看待自己的弱点和局限性。

他们懂得仁慈和慷慨的真正意义：仁慈和慷慨不是为了给他人留下正面的印象，而是以开放的心态去真正关心他人的幸福和成功。他们真心希望对他人好，并誓以用实际行动去保护比他们不幸的人为自己的人生目标。他们不再关注事事占先和与众不同，开始把自己看作是人类大家庭的一分子，并决心在其中承担自己的一份责任，谦恭地利用自己具有的才干和地位去做有价值的事。他们会因为他人投注于自己身上的爱而感动和快乐。

第二层级：自信的人

这一层级的实干者并不像第一层级的实干者，他们会以放下内心为导向，去寻找他人的认可。他们开始凭借敏锐的观察力，去判断什么样的特质能得到对他们而言非常重要的人的尊重。

他们并不是那么自信，会害怕自己毫无价值，害怕失败，但是他们为了消除内心的恐惧，便迫切希望得到他人的尊重和赞赏，因为这样便能让他们感到自身存在的价值感。也许这一切都是因为在他们小的时候，由于经常被忽视而留下的阴影，所以他们要懂得转移注意力的办法：了解他人的期望，并在这个过程中锻炼自己较强的适应能力。

他们具有极强的社交能力，每走进一个房间，就能立即感觉其中的氛围，并有效和敏感地随机应变。也就是说，他们能轻易吸引他人的注意，并很快融入他人的话题中，还常常使自己成为掌控话题的重要人物。这种能力使得其他人感觉很自在，对他的到来表示友善的欢迎。而当实干者笼罩于别人赞赏的关注之中时，就会积极地发出光芒。他人的肯定使他们认识到自己的人生价值，自我感觉非常好。他们擅长激发自己的潜能，致力于维持一种"能干"的姿态，认为自己容易实现目标，并把事情做好。这种潜在的感觉和可能性会通过一种根深蒂固的务实精神，和使他们有能力实现许多目标的坚定性而得到锻炼。早在孩童时期，他们就十分出色，不是体育明星，就是学习成绩优秀或校园戏剧中的主角，成年后也能拥有较好的事业成就。

他们努力表现出自信积极的人生态度，对他人具有较强的吸引力。会通过塑造迷人的外表，展现自己一切正面特质的方式来吸引他人，让他人对自己发生兴趣，进而鼓励他人给予自己更多的互动和肯定。

第三层级：杰出人物

第三层级的实干者总希望自己的价值能得到他人的肯定，他们始终相信自己的价值，也正是如此他们害怕被他人拒绝，害怕失望，努力让自己成为一个杰出的人物，哪怕付出再多的时间和精力也在所不惜。

他们开始有成功的野心，喜欢用各种方式来提升自己在学术、体育、文化、职业及智慧等方面的成就，但他们并不对金钱、名声或社会名望感兴趣，只是想提升自己的内涵，这也确实会让他们拥有一些非常不错的特质，使他们成为所在领域的"明星"，受到他人的赞赏和羡慕。

他们热爱工作，并在工作中表现出较强的竞争力，比如他们能够专注于自己的工作目标，喜欢自始至终琢磨自己负责的项目；能承受逆境，因为他们确信只要努力工作，就能达成自己设定的目标；能以高亢的热情和勤奋激励团队的士气；常常作为组织的发言人，向公众传达组织的意见。

他们是有启发性的交谈者，能够激励别人发展自己，比如激励他人勇挑重担、进行投资或从事有价值的事业。也就是说，他人在实干者身上可以看到自己可能会喜欢的东西，实干者就会鼓励他人去尝试这些喜欢的东西，帮助他人发展自己的潜能，假如他们是一流的舞者，他们会教你如何跳舞；假如他们是健美先生，会教你如何强身健体；若他们是家畜市场的屠夫，也会乐于帮助你进入这个行业。

他们是富有幽默感的人，敢于自嘲，能够对自己的不足和些许的自负一笑而过，这既可以让人轻松，也能增添他们的魅力，更会引起人们的赞赏和羡慕。

第四层级：好胜的强者

第四层级的实干者拥有很强的好胜之心，他们总希望自己和他人有所不同，希望自己有独特的吸引力，所以在日常的生活中，他们极力地将自己做到更好，让自己和他人进行比较，从而满足自己那好胜的内心。

他们喜欢竞争，并渴望在竞争中获胜，从而向自己和同行证明：自己是非凡的优秀人物。为了不被他人比下去，他们会更加努力地工作，寻找各种代表着成功和成就的象征，比如社交能力、加薪、受欢迎的演讲、签订合约、拥有同他们的老师或领袖者一样的显要位置。总之，超越他人可以强化他们的自尊，使他们不致产生太深的无价值感，并暂时感觉自己更可爱、更值得关注以及被羡慕。

他们开始追逐名利，并将职业成就看作衡量自己人生价值的主要砝码，因此他们不断地谋划着自己的升迁计划，想要尽可能快地向上推进，并愿意为此付出巨大的牺牲，包括健康、婚姻、家庭……总之，一个有声望的头衔或职业能够极好地强化实干者的成就感。

他们注重社交技巧，开始抛弃真实的自我表达，并且掩盖自己的动机，喜欢在人际交往中出风头，以吸引那些对他们来说有价值的人来帮助自己，以增加自己的社会魅力。

第五层级：实用主义者

第五层级的实干者更加注重自己的形象，所以不论在对待别人还是自己，他都以形象来区分。他们会时刻注意自己的形象，并隐藏自己真实的情感和表达。

他们在追求成功时，关注形式重于实质，更多地关注自我表现的自我形象，希望给他人一个可爱的印象，而不管他们投射出来的形象是否反映了真实的自己。因此，他们把旺盛的精力倾注于塑造更加亮丽的外表上，以帮助自己赢取所渴望的成功。正是由于过度关注形象，使得他们在根本上缺乏真诚的自尊。

他们将自己看作一件商品，而不是一个人，因为商品需要通过他人购买的形式来证明自身的价值，实干者也认为自己需要他人的认同来证明自我价值。因此，对于实干者来说，让别人接受自己便成为了第一要务，他们时刻都在做一个规划，即怎样使自己成为十分成功和十分有吸引力的人。他们觉得每个人的眼睛都在看着自己，必须时刻准备着留给他人好的观感、印象和感受。因为这样过度寻求他人认同的态度，使得他们忽视自己的内心世界，也无法表达自己真正的情感，并做出正确的回应。

他们开始变得不那么自信，害怕真正的亲密关系，担心别人发现他们内心的空虚，看到那个脆弱的自我。因此他们强迫自己产生情感上的疏离，促使自己将精力都投入工作中去，全力以赴地追求专业目标。由于这样做常常会带来事业上的成功，这更使实干者认同情感疏离的方式。

无论是在工作还是生活中，他们都更倾向于使用技巧和规则来帮助自己成功。他们对各种行业术语驾轻就熟，为了实现目的不惜应用各种语言符号，不论是参选领导、卖牙刷还是自吹自擂，他们总是能说得头头是道，让自己看起来像个专家。

第六层级：自恋的推销者

第六层级的实干者总是喜欢夸耀自己，他们认为自己是最聪明、最能干、最优秀的……他们有很强的自恋倾向，往往喜欢夸耀自己，也希望别人能够这样来夸耀自己。

为了抵消越来越强的恐惧感，他们开始塑造华而不实的外表来包装自己，并无休无止地替自己做广告，吹嘘自己的才华，卖弄着自己的教养、地位、身材、智慧、阅历、配偶、才智等所有他们认为能赢取羡慕的东西，用听起来很重要的名头宣传自己的成就，或是让别人了解他们将要取得的巨大成功，使自己听起来很了不起，似乎永远比别人做得好，而且比实际的样子更好。但是，他们这种浮夸的表演常常引起他人的反感。

他们的竞争意识进一步加强，喜欢将别人看作是通向成功的威胁和障碍，因此常常给别人制造难题，阻碍别人的进步，以防别人超过自己。而且，他们看不起那些地位、声望不及自己的人，更看不起那些曾经在某次竞争中输给自己的对手。在这种心理的影响下，实干者容易和他人发生冲突，并有愈演愈烈的趋势。

当他们取得一定的成绩后，极容易骄傲自满，沉迷于自恋的短期满足中，开始虚度光阴，以致逐渐无法关注现实的、长远的目标和成就，同时阻碍了自己的发展。

第七层级：投机分子

第七层级的实干者内心将会更加偏激，他们对成功拥有极大渴望，害怕失败，固执地认为如果自己失败了会是一件非常丢脸的事情，所以每当他们做事情的时候，总会想尽任何方法去取得成功，甚至运用某些极端的方法也是在所不惜。

他们视生存为人生第一要务，但因为他们不关注自我，这很容易导致他们找不到人生的目标，对在何时该做何事没有任何方向。此时，他们的实用主义已经降格为一种没有原则的权宜之计，所做的任何事几乎都是为了让他人相信自己是特别的人，而实际上他们可能并无特别之处。于是，他们就可能为了突出自己的特别之处而歪曲自己的真实处境：钻牛角尖、隐瞒自己的简历、剽窃他人的成果、把他人的成果据为己有，或是编造从未有过的成就以使自己看起来更加出名。总之，为了生存，为了成功，他们不惜一切代价。

他们开始倾向投机主义，为人处世喜欢投机取巧，擅长在不同的环境中转变身份，赢取他人的认同，为自己获取利益，但他们常常是占尽先机，却又搬起石头砸了自己脚的机会主义者。

他们喜欢以价值来评判他人，选择和那些对自己有价值的人建立关系，并不假思索地利用对方为自己获取价值，一旦对方没有了价值，他们会毫不犹豫地放弃对方。因此，他们的朋友寥寥无几，即使有也常常是和他们同样的投机分子。

第八层级：恶意欺骗的人

到了第八层级，实干者发现自我欺骗已不再能麻醉自己，不再能抑制他们心中对失败日益强烈的恐惧感，而他们又不愿向别人承认自己的失败，他们只好动用非常规手段——用恶意欺骗来继续伪装成成功者。他们开始变得神经质，时刻都在怀疑自己的形象是否有魅力，是否对他人有足够的吸引力，当他们发现他人不够关注自己时，就会谎话连篇，强迫对方重新关注自己，即便这些谎话可能会对他人造成伤害也无所畏惧。这时的实干者已经变成了一个病态的说谎者，他们的语言和行为中都只有他们想要的成功，而没有事实的真相。

他们不断欺骗自己，努力给他人树立自己良好的形象，但是这一切只会让他们的内心世界走向崩溃的边缘，他们知道现实的环境，却又沉迷于自己的欺骗中，开始变得极度危险，他们为了显示出自己的优越感，而变得无情无义，伤害他人，为了掩盖自己的罪行，又愚弄他人并毁灭证据。但是，当他们的罪行不断增加时，他们内心却越发恐惧，他们害怕别人发现他们的罪行，害怕受到责罚，于是便又犯下更多的罪行去欺骗自己，掩盖自己的罪行。最后，便走向了一条不归路，变成了罪恶十足的疯子。

第九层级：报复心强烈的变态狂

第九层级的实干者，已经不能用正常人来形容了，由于他们强烈的自卑心理导致他们已经陷入了严重的病态中，认为自己永远是最差的，但是内心却又想要去争强好胜，不希望别人比自己优秀。所以，便产生了强烈的报复心理，去报复那些在竞争中击败他们的人。

他们并不像其他实干者一样，拥有强大的优越感，当他们面对比自己优越的人时，强大的好胜心便开始作祟，他们想要报复这些比他们优秀的人。

虽然，他们拥有强烈的自卑感，但是仍保持着实干者喜欢竞争的态度，喜欢与他人产生敌对的关系，来比较高下。在他们眼中，所有人都对自己存在着威胁，而每一个人都是他们想要报复的对象。如果实干者所报复的人对实干者进行了反抗，那么实干者将会丧失最后一点心智，从此堕入罪恶的深渊。

当实干者丧失最后一点正常的心智时，就会无所畏惧，完全陷入病态的精神世界中，他们可能会随心所欲地制造罪行：袭击、纵火、绑架、杀人，而且，公众的谴责和臭名远扬给了他们所渴望的关注，被害怕和被蔑视恰好证明自己仍是个"人物"。从精神病学的角度来说，一个人犯罪乃是因为他一直想通过毁灭他人来重获优越感，这其实就是对该层级的实干者最精准的评判。

想要成为实干者朋友的几种方法

在生活中,当你懂得以下几种方法后,便可以和实干者友好相处了。

1. 实干者在生活或者工作的时候会不自觉地扮演领袖者的角色,从而为了工作做一些伤害他人的事,也许一开始他们并不是有意要去伤害别人,但是当你被他们伤害到的话,你应该找寻一个适当的机会表明你的想法,因为他们可能并不知道自己的行为伤害到你了。

2. 因为实干者的内心有强烈的优越感,所以当你发现他们在某些事情上做了错事,你不妨用建议的方式,引导他们认识自己的内心世界,既维持了他们的优越感,又去帮助他们改正错误,获得更好的成功。

3. 在与实干者交谈的过程中,切记啰哩啰嗦地说些不知所云的话,要直奔主题,用简洁的话语表达自己的想法。

4. 实干者在做事情时,比较功利,所以在与其交往要想他们做事情,或者想要改变他们对某些事情的做法时,你首先要告诉他们自己的这些建议能给他们带来哪些好处,再对他们说出自己的建议。

5. 实干者的好胜心和比较心都特别强,所以在与其交往时,不要与其相争,多用合作的方式,这样他们不仅可以获得成功,你也可以得到他们的保护,为自己获得更多更好的发展。

6. 在实干者面前,你要注意自己的言语,千万不能信口雌黄,因为他们一眼就能看出你所述说的虚假,而且你丑恶的行径也会被揭露,受到众人的谴责。

7. 实干者给人的感觉总是精力充沛的,做事情都要全身心地投入,所以当你要与他们接触时,要做好心理准备,因为他们也会对你进行严格要求。

实干者的职场攻略

职场关系

实干者追求成功,是追求功名利禄的功利主义者,在他们看来,权力是实现成功的一种重要手段,也是成功的一种重要表现形式,因此,他们总在积极地追逐权力。

一般来说,实干者的权威关系主要有以下一些特征。

☆实干者喜欢管制他人,是天生的领导者,他们的天性促使他们去占据领导者的地位,他们天生就有指挥欲和领导欲,因为他们认为,在领导者位置上更易受到人们的景仰。

☆实干者时刻都在关注人们对成功者特征的总结,并努力将自己塑造成人们眼中的成功者形象,从视觉上取得人们的信服。

☆实干者具有极强的感染力,他们积极乐观的精神和勇敢拼搏的斗志会带动大家,发挥领导者的作用,不断推动团队向前发展。

☆实干者在管理工作中表现出极强的组织能力和办事能力,往往表现出眼观六路耳听八方的大将风范,懂得时刻调整目标。

☆实干者懂得发挥自己在社交方面的能力来揣摩和分析身边人(包括下属、同级、其他部门的领导)关注的焦点或追求的目标,然后以他们出众的口才利用对方内心的追求来说服其帮助自己达成目标。

☆实干者遇到问题时,会与对方交流,适时变通,尽快解决问题,并尽量避免同样的问题再次发生。

☆实干者佩服那些有能力、有勇气的人，如果有人要挑战高风险的工作，他们也会给予支持和鼓励，消除对方的紧张和害怕的情绪。

☆实干者天生具有权威感，他们会在工作中自作主张，而把领导者撂在一边，这种行为很可能会让真正的领导者处于尴尬境地。

☆实干者喜欢夸大自己的角色，或者把自己与他人的关系建立在纯粹的工作基础上，而不带丝毫感情色彩。

适合的环境

实干者因为其独特的性格特点，使得他们能在一些环境中很好地适应。

实干者注重效率，因此他们适合在有竞争、有进取、易出工作成果、易表现自我价值的环境中。在这样的环境里，实干者因为感到竞争的压力，会激发自身的潜力，全身心地投入其中，并努力使自己成为其中的佼佼者甚至领导者。那些快步调、交易谈判不断取得进展、企业化、注重形象、具竞争性、结果可以计数、努力及成功会受到奖励的环境里会令实干者喜欢。实干者关注成功，而且他们认为工作是获得成功的重要方式，只要在工作上拥有出色的业绩，就能获得他人的鲜花、掌声及周边人赞许、羡慕的目光，从而给予实干者成功的满足感。而销售工作十分符合实干者的这些要求，因此他们从事销售工作容易取得成功。

实干者对环境具有较强的感知力，能轻易找出那些对自己有利的人或事，因此他们往往充满弹性，擅长说服别人，在具有挑战性和说服别人的工作中尤其能发挥这种天赋的才能，而演讲、国际贸易、公关业务及广告行业等领域，能够提供他们发挥这种天赋的空间，更易促使他们成功。

不适合的环境

实干者因为其独特的性格特点,在一些环境中很难适应。

实干者渴望成功,因此那些难以为他们提供名望、地位等成功因素的工作不适合实干者,那些平静、没有生气、不注重实干的企业也不被实干者接受,那些损害实干者渴望的成功者形象的工作也不被实干者喜欢,实干者也不喜欢那些需要通过不断反省和尝试才能完成的创造性工作,小说家、严谨的艺术家也不是实干者的选择。而且,即便实干者为生计所迫进入这些行业,也最终会因为发展受限而离开。

高效的员工,实干性格的领导者最喜爱

实干者注重效率,他们认为,速度重于一切。因此,实干者总是风风火火地忙碌着,他们的工作效率之高,往往令人望尘莫及。他们专注于手头的任务,在工作领域特别投入而且精明敏捷,致力完成工作所需的步骤,绝不拖泥带水。总之,在实干者的心目中只有一个目标,那就是成功,因此他们总是把事情变得简单直接、井然有序,以便更快地获得成功。

当实干者成为领导者时,他们需要带领一个团队成功,于是就会要求团队的每一个成员都能像他一样高效工作,促使团队更快地达到一个又一个目标。而且,他们往往只根据员工的成绩来判断员工的优劣,而很少去关注员工在过程中的经历。在同等的时间里,谁能更快地完成任务,或是完成的任务更多,就容易得到实干性格领导者的赏识。

引导实干性格员工良性竞争

实干者具有极强的比较心和好胜心,他们喜欢和他人比较,并力求在这种比较中获胜,他们处处表现出竞争性。因此,他们在工作生活中不仅迎接

竞争、参与竞争，勇于面对挑战，也常常主动挑起竞争。

实干者过于关注目标，为了在竞争中获胜，他们常常不择手段，陷入恶性竞争。而且因为他们忽视个人的情感，也就难以意识到这种恶性竞争对自己及他人所造成的感情伤害。因此，当他们的成功导致别人失败时，他们会说："我并没有击败他的意图。"在他们看来，这种竞争只不过是想争一口气或出人头地，并非是为了击败对方，而完全是出于他们对事业的热爱。

实干者对竞争的这种不正确认识，往往阻碍了团队的健康发展。因此，领导者在管理实干者时，需要引导他们向良性竞争发展，多跟自己比，而不要和他人争斗，以免步入恶性竞争的误区。

吸引实干性格的客户要靠"成就感"

实干者追求成功，不仅努力去追求，且更注重塑造自己的成功者形象，彰显自己与众不同的高品位，以此来吸引他人的关注，赢得他人的赞赏。从心理学的角度来说，实干者可谓深谙权威效应，即：一个人要是地位高、有威信、受人敬重，那他所说的话及所做的事就容易引起别人重视，并让他们相信其正确性，即"人微言轻、人贵言重"。

权威效应之所以普遍存在，首先是由于人们有"安全心理"，即人们总认为权威人物往往是正确的楷模，服从他们会使自己具备安全感，增加不会出错的"保险系数"；其次是由于人们有"赞许心理"，即人们总认为权威人物的要求往往和社会规范一致，按照权威人物的要求去做，会得到各方面的赞许和奖励。实干者擅长利用权威效应来塑造自己的成功者形象。因此，营销人员在向实干性格的客户推销时，不妨投其所好，利用实干者追求成功者形象的心理，将商品与实干者的成就联系起来，就能有效打动实干性格的客户的心，促进成交。

恋爱中的实干者

实干者的恋爱关系

在实干者的恋爱关系中，如果实干者认同一段恋爱关系，他们彼此就会努力成为亲密伴侣，但如果他们认同的是工作，就肯定不会在家庭和爱情上花费太多时间和精力。

一般来说，实干者的恋爱关系主要有以下一些特征。

☆实干者认为爱是一种成就，他们关心"我能拥有多少幸福"，深信幸福的生活能够按照自己的方法一步一步地经营出来。

☆实干者主张快乐，积极地去爱，否认爱情要与痛苦挂钩，自信可以掌握自己的爱情命运。

☆实干者不关心自己内在的实质，不了解自己和他人的感情，由于内在空空如也，他们害怕窥探自己真正的个性和内涵，也不愿意接触真实的恋爱关系，因为担心别人会发现他们的空虚。

☆实干者忽视自己的感觉，如何利用巧妙的设计，真实地反映对别人的感受和爱意，是一个让他们懊恼的难题。

☆实干者认为，爱就是一起做事，一起创造财富，一起快乐，爱不是压倒一切的，也不是令人痛苦的。

☆实干者是爱情的高手，他们擅长在伴侣面前扮演"完美情人"，他们懂得说温柔体贴的情话，知道如何讨好恋人和怎样表现得更具有外在的吸引力,但这都不是真正的实干者。

☆实干者愿意通过追求实质可见的成果来表达自己对家庭的热爱、对亲密关系的忠诚,为了实现他们心目中的完美家庭,他们会周详地开列一整套计划:如何教养孩子、提高家人的物质和精神生活水平、增加家庭的收入和幸福、为亲爱的人谋求保障……

☆对于爱情,实干者有着惊人的克制力,他们能够严格控制自己,不让自己陷入任何感情的旋涡中。

☆即使恋爱关系刚开始,身为工作狂的实干者仍然会不经意地忽略伴侣。

☆实干者容易停滞于自己完美无瑕的光鲜外表,以此自满,允许自己固执己见,不听善意的劝告,任凭自恋式的想象充斥胸膛。

☆当爱情和事业发生冲突时,实干者依然会舍弃爱情,因为他们多视感情为障碍物,惧怕它会毁灭他们辛苦经营的形象,也可能会为事业带来麻烦,拖垮进度和既定的计划。

☆实干者的同情心不强,在对待感情上偏向自我中心,会将自己的想象、情绪与现实情境混淆。

门当户对的爱情枷锁

实干者渴望成功,并能够通过不断的努力去追求成功,因此他们常常拥有一流的学历、亮丽的外表、光鲜的衣着、潇洒的风度,还有人人仰慕的社会地位……当这些优越的条件集于实干者一身,他们就成为具有强大吸引力的"完美情人"。

为了进一步满足自己的优越感,实干者也将爱情视作通向成功的一种方式。因此,他们特别看重伴侣的外貌、能力、成就、财富等是否符合社会所预期的理想尺度，这些也是他们所开列的择偶条件清单。能与优秀的人物携手同行，他们便可招来别人艳羡的目光，也会沾上成功人士的光彩。因为紧盯着一心要追求的对象，实干者会漠视一些客观的形式而千方百计地遂其所愿，为此，他们可能并不介意卷入社会不容许的恋爱模式中，甘心成为别人亲密关系中的第三者或已婚人士的秘密情人。

然而，恋爱毕竟是讲究心灵契合的交流，而不是职场的服从，仅仅是可以计量比较的客观条件，并不会造就一段幸福的恋情，尤其是一位可以在下半生携手同行的生命伴侣。

从"完美情人"的梦中醒来

实干者具有极强的社交天分，这常常表现在他们"察言观色"的能力上，他们非常懂得洞察对方在情感上的需要，但这种洞察往往只聚焦在对方渴望怎样的行为表现上。

实干者总能够在其伴侣面前把自己最好的形象（实际上是对方想要看到的形象）表现得非常到位，并以此来取悦对方及增强自己对伴侣的吸引力。也就是说，实干者喜欢在伴侣的家人和朋友面前表现得非常尊重伴侣、宠爱伴侣、支持伴侣，努力给他人一种"好男人/温柔贤惠的女人"的美好形象，在他人面前"秀"甜蜜、"秀"幸福，这是实干者特征中注重形象以及渴望他人认可的本质所致。也就是说，实干者认为自己的幸福本身也是自我价值体现的一种表现，也需要别人的鲜花掌声。

然而，当实干者在长时间扮演"完美情人"后，不仅不会真正成为完美情人，反而会因为外在行为与内在需求的冲突而崩溃，做出损人利己等极端行为来。而且，一旦伴侣和实干者深入接触下去，就会逐渐发现实干者真正的性格并非他所扮演的那么完美，从而产生强大的落差感，感到自己被欺骗，就会容易导致感情破裂。

物质不能代替情感沟通

实干者不关注自己的情感世界，他们不敢面对自身性格中的缺点，只想向他人展现自己性格中的优点，努力维持在他人眼中的成功者形象。因此，他们将注意力更多地投向了物质世界，不断地工作以获得更多的物质回报，并将物质作为向伴侣表达爱意的重要方式，常常认为给一个人良好的物质环境，就是表达了自己最真挚的爱意。

在这种思想的影响下，实干者总给对方一种不解风情的感觉，亦因此容易忽略对伴侣内心感受的关注。他们总是以物质来满足对方，给人一种一旦遇到情感问题，便会用物质上的表现（如购物、晚餐、送礼物）来逃避情感沟通的感觉。这也是实干者不愿意认错的本质表现。同时，因为他们总是以回避沟通情感作为处理情感问题的方式，所以会令人产生一种情感薄弱的感觉。

然而，随着物质满足感极度上升，也会导致精神的空虚和恐慌，物质化催迫着本真、梦想、性情的幻灭，也就容易导致婚姻的毁灭。因此，实干者只有多关注自己及伴侣的精神需求，彼此间多进行情感交流，才有稳定而幸福的爱情。

给实干者的建议

你真的非常热情、有干劲儿，有你存在的团队一定能多多少少受到你热烈情绪的影响，所以不妨尽情施展你的才华，调动幽默感和积极性，把更多的人吸引到这份快乐的工作中来，也让团队中的每个人体会到工作的幸福和乐趣。

活力充沛又能力超群的你常常会成为社交场合的闪耀之星，当别人的目光聚焦在你身上的时候，也许你会感到得意和满足，但是请尽量收敛你的得意之情，不要表现得太明显，考虑一下此时站在你身旁的别人的感受，不要让他们觉得你的光环压得他们喘不过气来，否则除了亲朋远离之外你再也得不到什么了。

想让自己受到肯定的心情无可厚非，世人都希望得到别人的认可，喜欢被人重视和赏识，但是这些要建立在真实的基础上。不要陷入盲目的自大和骄傲中，给自己一种"我很厉害"的错觉，无论何时都请记住，群众的眼睛是雪亮的，他们才是评判你是否成功的真正法官。

强烈希望获得他人认同，为了符合别人的评审标准而刻意地改变自己，我们知道实干者的实干精神，只要认定了目标就一定会尽心尽力地做好，但是请冷静地想一想，你究竟要让自己变成什么样的人，是迎合别人的审美去做一个工作狂，还是做自己心中的优秀者。端正你的态度应该是先于实际行动而考虑的。

实干者的追求有时过于强烈就会变成一种强求，为了达到自己的目的可能会有些不择手段，他们甚至觉得牺牲掉一些无关紧要的人看起来也没什么大的危害。可是要知道，建立一份感情很难，而毁掉一份感情却很容易，不要为了一点蝇头小利而丢掉了最珍贵的情谊。

实干者也不太喜欢和外人分享自己的计划，担心说出去以后就不能保证成功的可能性，或者让他们的行动遭遇不顺，所以就会选择保守秘密。而通常当别人感觉到他们的刻意隐瞒之后肯定会有不悦，尽管嘴上不一定说出来，心里也会对你有一些不好的看法，和你划定界限。其实想想，和大家分享经验并不会对你造成什么损失，或许他们能力不如你，即使知道了也不能对你构成威胁。就算对方能力很强，和他们分享也能促进你更用心地去做好，说不定在这个过程中还能收获别人一些好的建议，何乐而不为呢？

　　实干者内心有一种强烈的自我认同感，他们相信自己有足够的能力，也一定能实现自己的目标，总是要求自己要做到最好。如果身边出现了竞争者，就会带给他们很大的压力，他们会再次给自己施压，向更好的方向奋斗。这时候他们一切行动的重心都变成了竞争而非脚踏实地地实现自我目标，所以可以不要对自己的一点点不如人之处斤斤计较，豁达一些会让你感觉更轻松。

6

相濡以沫的浪漫者

案例分享

　　小白是公司领导的秘书，她和领导的关系非常好，在公司里是领导和职属的关系，但是私下里却情同姐妹。她是这样评价她的领导的："她是我见到的最有个性的领导，开会时抓不住主题，完全跟着自己的感觉走，不重视公司的利益，总是教导员工要将焦点放在客户的感觉上，只有客户的感觉好，才能给我们带来利益。但是，作为领导的她却有一个缺点，那就是当她遇到了自己讨厌的人，哪怕是非常重大的项目，她也会不屑一顾。"她就是这样一个独一无二的人，心情随着天气变化，当外面晴天时，她也会表现得很高兴，当外面的天气不好时，她的心情也会阴沉，甚至还会莫名其妙地发火，让同事们感到不知所措。

浪漫者的新名字：难以琢磨的林妹妹

无论你是否看过《红楼梦》一书，也许你都知道林妹妹这个人物，她总是给人内向、敏感、心细而且又极具悟性的感觉，她内心世界情感丰富，时常对生活充满幻想。而生活中的浪漫者就像是林妹妹一样，他们想去了解自己，但是又害怕了解自己，他们总以为自己与他人不同，却又如此平凡。

他们总是让人捉摸不透，也许他们自己都不知道做事的目的是什么。浪漫者的内心就像是跷跷板一样，你无法知道跷跷板会倒向哪边，而浪漫者也常常会出现别人无法理解的情绪。他们喜欢用幻想来丰富自己的情绪，并且乐在其中。

他人眼中的浪漫者

浪漫者就像是散落在凡间的精灵，你不知道他们以前的生活，不知道他们的故事，甚至不知道他们的一切，你所感觉到的只是他们身上散发着独特的灵气和神秘感。他们时而多愁善感，内心充满着矛盾，时而沮丧时而高兴，有时极端现实，有时难以了解人情世故。

他们就像是一个天生的艺术家，很容易会被生活中真、善、美的小事所吸引，总会去翻开事物的表面去追求深层的意义。当他们做决定的时候，又仅凭着个人情感的喜好来判定事物的好坏。他们像是一个有强烈情感的悲剧演员，又像是一个爱管闲事而刻薄的评论家，在他们的生活中总是那么热情而优雅，具有极佳的品位。

浪漫者眼中的自己

我是一个浪漫主义者，对生活充满了幻想。当我心情快乐的时候，感觉自己就像是处在人间天堂一般，我会尽情地放纵自己，可是当我情绪低落的时候，便会做一些让身边的人都无法理解的事情。也许这一切都让别人觉得不可理喻，十分受不了。但是，我觉得我是一个感性的人，无法用理性控制自己的情绪，我永远都是有什么情绪都会表现出来。

我常常在想，如果有一天我不再那么的感性，并且感受不到强烈情感的时候，可能会因此而变得萎靡不振，变得不切实际、无所事事。这样我将会有窒息般的感觉，对任何事情产生强烈的厌倦感和不耐烦，有可能还会情绪崩溃。我害怕那一天的到来，也不希望那一天的到来，因为它会让我变得无助、忧郁，甚至对自己产生怀疑。

有时我会怨恨别人，怨恨他们不懂我，怨恨他们无法明白我内在的需求及渴望。但是我知道，这一切都是我的内心在作祟，我只是为了逃避自己内在的痛苦与煎熬罢了。当我的感觉无法被他人理解的时候，我都会极力去澄清自己，这样我的内心才不会如此煎熬。

我情愿去感受一些很消极的事情，也不愿意什么感觉都没有，我觉得没有感觉地活着和行尸走肉没有分别。深刻的情感是我精神的支柱，而与人建立关系，就能把内心的所有感受以某种特定的方式抒发出来。

挣钱、管钱并非我经济生活的中心，花钱才是让我真正开心的事情之一。我喜欢赠送他人特别的礼物，也愿意花很长时间和过多的精力，寻找一种完美并能够表达我心中那份情感的东西。我总被自己的感觉所控制，而我之所以能永远知道内心的感觉，那是因为我总是不断地在检查自己的内心，总是在给自己的情感量体温，并根据其温度的高低来指引自己。

我对美丽的事物都有无法自拔的喜爱，所以经常会让自己陶醉在幻想而且美丽的世界中，在这个充满幻想的世界中，有时候我甚至会产生不切实际的想法。

在看同样的风景时，我可以看到和别人不一样的色彩。吃同样的食物，我可以咀嚼出与别人不同的味道。所以我的朋友们经常说我和他们不同，说我总能察觉到细腻的感觉。

当遇到挫折的时候，我就像是一个受伤的孩子，躲到自己认为非常安全的一个小角落里，与外界隔离，然后我便开始放纵自己，来缓解内心的压力，虽然这种放纵的行为让我感到很自由，但是我知道这都是不好的。我用敏锐的直觉和坦诚的内心面对着他人，虽然许多人都非常喜欢我的坦诚，但是这也会对他人造成困扰。可我认为，哪怕给他人造成了困扰，我也希望自己能保持着这种单纯的个性，因为每个人都应该有属于自己的独特性。

浪漫者的身体语言

如果在我们的生活中你和浪漫者有过交往，只要你细心观察他们的行为，便会读懂浪漫者的身体语言。

1．浪漫者渴望获得独特的自我认同，所以他们只听从自己内心的声音。当浪漫者在站立、坐卧的时候，并不会在意他人的眼光，只要自己舒服就好，他们不会刻意要求自己保持某种体态，因此常常做出不合礼仪规范的举动。

2．浪漫者的服装打扮也会具有独特的气质，他们选择服装时不仅要表现出张扬而又简约的气质，还要让自己的服装显得高雅。

3．在与浪漫者交谈的时候，他们的眼神总会根据自己情绪的变换而变化，他们的眼神里时而透露着忧郁、时而透露着兴奋、时而透露着悲伤……

4．浪漫者的动作都是缓慢的，他们的举手投足间，总是保持着优雅迷人的形象。他们非常注重自己的肢体动作，但是由于他们性格的原因，肢体动作总透露着一种幽怨的气质。

5．浪漫者并不希望自己成为他人的焦点，所以，每当他们发现别人关注自己的时候，就会显得不自然。

6．浪漫者有着丰富的内心活动，所以他们喜欢静静地坐在那里，或倾听或冥想，他们不会用过多的身体语言来表达出自己的情感。

7．当浪漫者受到强烈刺激的时候，他们的内心就会立刻活跃起来，但是外表依旧是波澜不惊的状态，更不会用肢体动作来表达出自己的情感。

8．浪漫者的脸上总是表现出忧郁的样子，所以当陌生人看见他们时，总认为他们很冷漠又高傲。

9. 浪漫者是敏感的，尤其是在情绪和情感的体验上太过敏感，所以他们身边细微的变化都无时无刻不牵动着他们的心，因此他们总会为身旁所发生的事情而产生情绪的变动，因此他们的形体、情感都变换得非常快。

浪漫者的闪光点和不足

我们总觉得浪漫者是一个情绪化的人，他们要么极度亢奋、要么极度忧郁，总是给人难以相处的感觉。但是，在实际生活中，我们可以发现他们也有自己独特的气质闪光点，值得我们去发掘。

1. 富有同情心。浪漫者对苦难非常的敏感，困难对他们来说就像是与生俱来的一样，是那么的熟悉。所以，他们很愿意施舍自己的同情心给别人，去帮助别人走出悲伤。

2. 极高的敏感度。浪漫者非常注重内心世界，他们拥有极高的敏感度，所以对情感的解剖也是极为细致的，他们能轻易地发现每件事物的不同之处。所以，他们往往能发现不同事物的利益，从而让自己大获其利。

3. 甜蜜的忧郁。浪漫者总是不由自主地会对生活中的事情感到忧伤，他们喜欢体验生活的悲伤，并将悲伤作为生活的调料。对于浪漫者来说，忧郁有种让人无法抗拒的魔力，从中可让他们体会到人性的奥秘。忧郁对于浪漫者来说，就像是本身的情感一样，他们能通过体验忧郁来逃避生活中的压力，从而唤醒自身的想象力，去感受情感的变化，让自己的生活不再倍感烦恼。

4. 极强的创造力。浪漫者有极强的创造能力，当他们精神亢奋去追寻创作的时候,就会变得精力饱满,然后不眠不休地完成手上的工作。浪漫者对自己的创作也是非常忠诚的,他们就像是一个艺术家一样,宁可自己忍饥挨饿,也不会出卖自己的作品来换取一个舒适的环境。

5. 不断涌现的灵感。浪漫者喜欢沉浸在自己的感觉世界里,经常一不留神就开始天马行空地想象。这种想象使得他们灵感不断,能够把一些不相关联的事情联系起来,创造出新鲜独特的东西。一般来说,浪漫者习惯以直觉和创造性带领工作,并以个人风格和深度来丰富它,他们的一切都是凭借感觉自然形成的。

6. 唯美的品位。浪漫者对感情世界的关注,使得他们具有良好的审美眼光,讲究品位,容易被美的事物吸引,并喜欢用美的事物来表达自己的感情,同时他们也善于美化环境,无论是对自己的着装,还是对房间的布置,他们都着重突出高尚的趣味和优雅的姿态,并兼具浓烈的个人风格。

7. 追求无止境。浪漫者具有较强的缺失感,他们总是看到别人身上的优点,并不断地追求新事物来寻找快乐,填补内心的缺失。哪怕他们已经功成名就,但注意力仍旧朝向生活中失落的、不完美的部分,始终不满足于现状,于是他们便无止境地去追求完美。

浪漫者也容易在现实世界中有所迷失,他们高度重视自己的完美,却也无法掩饰自己的缺点。

1. 过于专注自己的内心。其实,我们在生活中专注自己的内心并没有什么过错。但是,对于浪漫者来说,他们对于自己的内心总是太过专注,他们宁愿去体会一件消极的事情,也不愿意什么感觉也没有。他们会根据自己的心情去评价自身的价值,当他们心情不好时,就会极度否定自己,认为自己一事无成。

2. 自我沉醉。浪漫者总有丰富的想象力,所以,他们也很容易沉迷在自己的想象之中无法自拔。他们总是陶醉在自己的想象之中,从而逃离现实。他们总是非常胆小,想要了解自己但又怕了解之后,对自己感到失望,他们对自己的世界感到迷茫,无法去全身心地投入,所以,他们总是很容易进入到幻想的世界中去。

3．易受负面情绪影响。浪漫者过于关注情感中负面的事物,比如悲伤、失败等,他们容易受负面情绪影响,在做事时给予自己失败等负面暗示,从而让自己活在负面期待的世界里,这容易导致失败,而一旦失败,浪漫者就开始否定自己的价值,并封闭自己的内心,陷入无止境的自责之中。

4．害怕被遗弃。浪漫者心里潜在这样一种感觉,认为如果自己毫无价值,就要面临被遗弃或者已经被遗弃的命运。因此,他们往往把第一次被遗弃感投射到所有关系中,只要交往过程中哪怕碰到极小的难题,或者自己预见到自己就要被拒绝,就会立即离开对方。

5．容易质疑自己。浪漫者追求自我的独特,因此他们早在童年时期就不被周围人认同,被贴上"任性"、"无纪律"等负面评价标签。当他们面对的否定多了,对自我的评价也就不会过高,他们不信任自己,同时又觉得别人并不了解自己,这种累积的怨愤一旦发泄出来,便不可收拾。

6．自我封闭。浪漫者总是将自己封闭在自己的世界之中,减少与他人的交往,减少对他人的期待,因为这样一来就不会有自己被人遗弃、被人忽视的感觉了。

7．情绪化。浪漫者非常注重自己的情感,所以他们对待任何事情的表现总比实际要夸张许多。而且他们做事情的时候也常常情绪化,所以,这常常给人以不成熟、办事不牢靠的感觉。

8．希望自己与众不同。也许浪漫者在很小的时候就得不到太多的关注,所以现在非常期望得到他人的关注。他们甚至会为了显示自己的与众不同，而去体验侥幸逃脱的快感、秘密罪行的惊险，从而走向犯罪的不归之路。

九个层级的浪漫者

第一层级：灵感不断的创造者

第一层级的浪漫者就像是一个创造者，拥有无限的灵感，总能创造出一些独特的产品。

他们注重自己的内心情感世界，倾听自己内心的声音，从自己的心灵得到启示。而且，这种优势的能力并不是他们通过后天的学习而得到的，这是与生俱来的能力。如果他们将自己的这种优势加以训练，便能在一些方面发挥其优势。他们能够创造自由，给世界带来全新的东西。虽然灵感总是转瞬即逝，但是浪漫者的灵感总像是一个喷泉一样源源不断。所以，他们就是一个灵感不断的创造者，他们总能把所有的经验甚至是痛苦的东西，全都转变成自己认为是美好的东西。

他们能够真实地面对现实世界，并积极乐观地拥抱生活。他们不再执着于生命的缺失，也不会局限于既有的经验，而是让自己学着对生活说"是"，向生活更多地敞开自己、展示自己，这样他们就能时刻体验到更新的自己，他们真正的认同便可以逐渐地、无声无息地被揭示出来。而从心理学角度来说，能够不停地更新自我，这正是创造力的最高形式，是一种"灵魂更新"，是一个人心理发展的高级阶段。

他们追求独特，却并不轻视平凡，他们能以普遍的方式表达个人的东西，并赋予其意义，使其在他人那里激起回响，而当他们进行创造时，这种意义又是他们所意想不到的。也就是说，他们超脱了形式主义的创新，激发了灵魂深处的创新意识，从而使得他们能够将有关自我和他人的许多知识都转化为一种灵感，这灵感是自发、完整和突然出现的，超越了意识的控制。也就是说，当他们享受平凡时，反而不平凡。

第二层级：自省的人

第二层级的浪漫者是一个懂得自省的人，孔子曾每日三省吾身，而浪漫者能够以清醒的态度去探索自己内心的情感，然后将现实和想象分开去对待，当两者再次合到一起的时候，他们又会创造出一些新奇的事物。

创造对于浪漫者来说，只是对的灵感闪现在对的时候。在这个层级的浪漫者，他们会不断地反省自己，更新自己，但是却无法在持续的情感和想法的转变中去找到自己，他们无法定位自己的身份，找到自己的意义。他们时常能够从灵感激发的创造性的时刻清醒过来，然后去反省自己。

他们喜欢探索内心深处的感知，时常问自己：我是谁？我的生活目标是什么？为了获得这些答案，浪漫者不得不将注意力转向自己的内心情感和情感反应中。这既给浪漫者带来了直觉的天赋和丰富的内心生活，也带来了一个问题：如何在多变的情感中创造出一种稳定的身份？而随着对这个问题的深入研究，浪漫者就容易陷入情感的旋涡之中，使得他们不再拥有自己的情感，而是被自己的情感所拥有。

浪漫者在自省自己的情感时，会自发地远离所处的环境，因为在他们看来，对情感的自省可以把感觉到的自己与其他一切之间的距离作为更清晰地了解自己的有效工具，在一定程度上有助于彰显自己，尽管其收效甚微。

他们凭借直觉来感知自己，了解他人是如何思考、感受和看待世界的，因此他们常常是敏感的，他们不仅对自己很敏感，而且对他人也很敏感。而且，敏感能帮助浪漫者更好地感受直觉，因为直觉不是那种无用的、杂耍式的心灵感应术，而是借助潜意识来感知现实的一种手段。它就像在一个漂流到意识岸边的瓶子里接收到的信息一般。

第三层级：坦诚的人

第三层级的浪漫者是所有人格中最直接、最坦诚的人，他们会以自己最真实的面孔去对待别人，将自己全部的生活展示给他们，他们也不会对他人隐藏自己的缺点与不足。最主要的是他们不会欺骗自己，也不会去欺骗他人。

他们喜欢用自己的感觉来感受生活中的一切事物，而且也很乐意将自己最真实的感受告诉别人。处在第三层级的浪漫者，他们不仅要求自己要坦诚，当他人对待自己的时候，他们也会去要求别人那么做。他们认为，只有人人懂得坦诚，人们之间才能将所有事情说清楚，才不会有猜疑。而且，真诚体现了一个人的人格，只有我们坦诚对待他人，他人才能真正地去了解自己。

由于他们全身心投入探索自身情感世界的活动中，所以他们能够怀着赞赏和同情之心倾听他人的话语。

对这个层级的浪漫者而言，诚实胜过一切，即便情感的坦诚很可能会激怒他人，或让他人陷入窘态，他们也会毫不犹豫地选择诚实。在他们看来，诚实是人性的典范，每个人都应看重，因为每个人都是独立的个体。

他们能够正确认识自己，因此他们能够坦然接受自己性格中的黑暗面，也愿意经受痛苦的磨炼，接受他人情感的考验，不会轻易因为他人的"揭露"而心理不平衡。他们很有幽默感，因为他们能根据生活中的诸多问题来看待人类行为中的荒谬和不合理。他们对人性有一种双重观点，即可以同时看到恶魔和天使、卑贱和高贵存在于人类之中，尤其是存在于自身之中。但他们并不认为这样不协调，更不因此而矛盾和痛苦。

他们能够看到自己的独特性和唯一性，但他们也知道自己在生活中是只身一人，是一个独立的意识个体。从这个观点来看，健康状态下的浪漫者不仅是个人主义者，而且是存在主义者，总把自己的存在看作是个体性的。

第四层级：唯美主义者

第四层级的浪漫者不仅拥有丰富的想象力，而且在对待事物上还有着自己独特的审美意识，他们总能将自己美好的想象和现实连接起来，以营造出自己所喜爱的美感。

处于这个层级的浪漫者的直觉能力大大下降，他们已经不能长久地维持自己的情感、印象和灵感等这些作为其同一基础的东西，他们的灵感也不再源源不断，而是偶然涌现，这让他们产生强烈的危机感。为了缓解这种危机感，他们开始用想象力来激发情感，支撑某些他们认为可表达真实自己的情绪。长此以往，就容易使浪漫者陷入对想象的执迷中。

他们的创造力更多地突出个体性，他们自认为具有艺术家气质，是与众不同的，因此他们寻求各种方法进行自我表达，但却忽略了普遍性，所以他们创作作品很少是自发性的，也缺乏连贯性。而且，他们的精力大部分用于创造一种模式，认为自己能从中获得灵感。总之，他们的创造力大多数只会停留在想象领域。

对于没有能力创造艺术作品的浪漫者来说，他们会努力渲染自己的艺术氛围，力图让环境变得更加美观，例如把家装饰得有品位一些、收藏艺术品，或是注重衣装。也就是说，浪漫者对美都有一种强烈的爱好，因为审美对象可以激发他们的情感、强化他们的自我。总之，当他们置身于一种神秘的和浪漫的氛围中之时，他们感到最为自在。

他们过度沉迷于想象力的美感中，从而逐渐将注意力从现实中转开，用自己的幻想来修正世界。他们想把自己寄托于强烈的情感、抒情式的渴念和暴风雨般的激情中，以此来提升自我感觉，并让其保持鲜活。因此，浪漫者总是将注意力驻足于自然、自我或理想化的他人身上，通过这些东西的结合，并在这些东西上找寻预兆和意义，从而使自己完全堕入一个想象的虚幻空间中。由于他们忽略了现实世界的真实，从而也就陷入了主观主义的误区中。

第五层级：浪漫的梦想家

第五层级的浪漫者越来越沉迷于培养自身的浪漫幻想，根据自己想象力的美化作用去生活，但是这也渐渐使他们偏离了现实的轨道，开始有了唯心主义的倾向，更有甚者出现了沉浸在自己幻想的生活之中。

他们开始将自己从现实生活中抽离，更多地投入想象的世界中去。他们变得自我封闭起来，因为他们认为，与世界尤其是与他人太多的互动导致自己创造的脆弱的自我形象走向了解离，担心他人会因此耻笑自己，或用别的各种方式使他们变得与想象中构想的自我形象全然不同。然而，在想象的世界里，却不存在这些问题。

他们开始变得缄默、害羞、忧郁，且极端的个人化，有着痛苦的自我意识。因为注重情感的浪漫者比其他人格的感受更为精细和复杂，他们想要别人了解自认为真实的自己，但又担心自己会受到羞辱或嘲笑。因此他们开始回避与人交往，不愿冒出情感问题的风险同别人交谈。但是另一方面，他们也在不断寻找同伴——有着亲切心灵的个体，同时排除那些不会分享感受的个体。当浪漫者发现某个人可以理解自己的时候，他们会尽情倾诉自己的内心，同他促膝长谈，彼此交流，以激发更多的灵感和创造力。

他们开始内化所有的经验，因而任何一件事似乎都与其他事相关联。所有新的经验都会影响到他们,把相关联的意义汇集在一起,直到每件事都被赋予过多的意义,充满了任意的连接。但此时的浪漫者已经失去与其情感的联系,因而觉得自身内部一切永久的东西都是混乱、模糊的,没有稳定感。

他们喜欢自我冥想,因为他们的情感很容易受实际的或幻想中的小事影响,所以他们又极其情绪化。他们在做任何事前总是先反省自己的情感,看自己有什么感觉,等待心情平复后再采取决定,然而他们根本不知道自己的心情何时会平复,所以事情最终会变得或是毫无进展,或是得非所愿,根本不能从中得到快乐。

第六层级:自我放纵的人

第六层级的浪漫者面对生活的困难和痛苦的时候,并不会主动去寻求解决方法,他们放纵自己,在其他事情上来寻求内心的安慰,让自己不再因为这些问题而烦恼,尽管每一次这种安慰所带来的感觉都只是暂时的,但是他们依旧乐此不疲地来麻痹自己,放纵自己。

浪漫者一边沉醉于想象世界的美好中,一边又为现实生活中的痛苦而困扰,夹杂在这种痛苦和欢乐之中,浪漫者常常觉得自己很受伤,无法自我肯定。当他们发现这两种情绪无法很好地融合时,他们就会为自己找借口:我是独特的,我的需求就该以不寻常的方式来满足。于是他们以放纵欲望、为所欲为来补偿自己。他们觉得自己是规范的例外,是期望的例外,完全放任自流。结果变得完全不受约束,在情绪与物质的享受上彻底放纵自己。浪漫者不愿意接受生活的平庸,他们瞧不起普通人的生活,不愿意做按部就班的工作,不愿意让自己卷入任何形式的社交或群体事务中。而且,他们还时常利用自己独特的审美感觉来抨击他人的平庸,侮辱和蔑视那些无法欣赏自己的人,这常常给人以自高自大的恶劣印象。

他们具有极强的个人主义思想，觉得自己与众不同，因此不愿和他人按相同的方式生活，完全无视社会习俗规范的约束。他们没有任何社会责任感，不为任何事着想，还拒绝所有的义务和责任，当他们受事情或他人所迫时，就会变得非常暴躁。他们或是以自己的方式、进度来做事，或是干脆什么都不做，并为这种自由感到骄傲。也就是说，他们已经完全偏离了大众轨道。但这种自我放纵并不能满足其真正的需求，只能满足其短暂的欲望，只会使浪漫者在错误的道路上走得更远。

另外，当他们发现这种自我放纵并不能为自己带来金钱、地位等成功因素时，就会通过感官的满足来压抑过分敏感的自我所带来的不愉快。他们可能在生活上变得放荡不羁，为了放松，为了短暂的快感，也为了让自己兴奋，他们会和不认识的人发生关系，或者沉迷于白日梦中，而不愿在现实中做任何实际的努力。他们可能会为了自我确认而去寻找虚拟的符号。可能会迷恋在想象中，给自己的痛感和快感、欲望和挫折、热烈的和虚度的情感提供无尽的源泉。或者他们可能会嗜睡或暴饮暴食、酗酒和吃药。总之，他们会利用任何方式来麻醉自己，忘却现实中的痛苦。

第七层级：脱离现实的抑郁者

第七层级的浪漫者由于长期脱离自我和现实，会在自己悲观情绪的性格中变得更加抑郁和忧伤，他们对自身的价值感到迷茫，心中产生恐慌，面对自己以后的人生不知所措。由于多方面的压力进一步加重了他们内心的抑郁。

一般状态下的浪漫者因为长期沉湎于自己的想象中，所以对于现实中的痛苦和挫折的心理承受能力大大降低，一旦他们的想象与现实生活发生冲突，就会感到自己的梦想被破坏，那些已经完成的和没有完成的事情现在都回到了原点，他们突然"螺旋式地进入"自己的某些核心之中，使自己既感到震惊，又想保护自己免于再失去其他东西的困扰，但他们又发现自己"有心无力"，因此常常陷入长时间的痛苦折磨中，滋生抑郁心理。

这时的浪漫者对自己所做的任何事情都感到生气，他们认为自己浪费了宝贵的时间，失去了宝贵的机会，并在几乎每个方面，如个人、社交和职业方面，都落于人后，这让他们深感羞愧。他们嫉妒别人，任何一个看起来快乐、有建树，有成就的人都是他们嫉妒的对象，尤其是当那些成就是浪漫者无法达成时，他们更感到深沉的悲哀，更痛恨自己，感觉自己就像斗败的公鸡，没有做出任何有价值的事情，并害怕自己永远也不会有所成就。

为了不再做让自己生气的事情，浪漫者开始在潜意识里压抑自己，让自己不能再有任何有意义的欲望，因为他们不想再受到伤害，尤其是因为对自己有渴望和期待而受伤害，可这样的结果却是突然封闭了所有感情，好像生命突然脱离了肉身一样。所有曾经在创造性的作品中发现的自我实现，曾经有过的梦想与希望，突然间全都消失了。他们转眼间变得精疲力竭、冷漠、将自己和他人隔绝开来，沉浸在情绪的麻痹中，几乎无法正常生活。这时的浪漫者连自我放纵也难以做到了，因为他们根本无法让自己专注于任何事情。

这时的他们会变得极端暴躁，觉得全世界的人好像都在与自己作对，他们憎恨自己、憎恨朋友、憎恨所有人、憎恨全世界，认为自己的问题永远是最糟糕的，而且不会有人去帮助自己，从而陷入深深的绝望之中。

第八层级：自责的人

第八层级的浪漫者就像是一个抑郁症患者一样，他们对自己的生活开始自责，害怕自己陷入灭亡中，害怕自己的抑郁情绪。最终，从自责变成憎恨。他们期望能够通过对自己的精神折磨来拯救自己。

他们时刻都在谴责自己，以绝对的自我鄙视来对抗自己，只关注自己不好的一面，对每一件事都进行严厉地自我批评，比如以前犯的错、浪费的时间、不值得被人爱、没有体现作为人的价值等。当他们被这些强迫症式的负面想法紧紧抓住后，他们的人生也倾向于负面发展状态，这只会使浪漫者在自责的痛苦中越陷越深。

他们几乎失去了自信，做任何事情都不期望自己能获得成功，他们对人生的期望也降到了最低，只希望自己能够得以生存。他们的世界就像灰色国度一般，已经失去了颜色，他们整天自责，直到心情不再心烦意乱为止。有时他们可能会潸然泪下，不久之后便陷入到更加寂静的痛苦之中。

既然他们已经对生活不抱任何幻想，他们觉得自己丧失了价值，为了逃离这无止境的痛苦，他们往往会选择毁灭自己，利用各种方式来破坏自己残存的一点点机会，比如对朋友和支持者施以非理性的指责，使他们都远离自己。尽管他们在内心深处渴望有人来拯救自己，但他们又不相信有这样的人存在，即便存在，也不会愿意来拯救他们。此时，他们的幻想已成为一种病态，一种对死亡的迷恋，如果有人能结束他们的生命，他们不仅不会怨恨，反而可能会感激对方。

第九层级：自我毁灭的人

第九层级的浪漫者已经完全丧失了生活的信心，他们开始用各种方式来毁灭自己。对于他们来说，死亡并非痛苦，而是最好的解脱。

他们已经完全陷入负面情绪的泥潭中，比任何时候都更憎恨自我，世界上的每件事情——正面的、美丽的以及值得为它牺牲的事情——对他们而言都变成了一种谴责，他们无法忍受余生还要以此种方式度过。他们必须做些事来逃避这种残酷的负面的自我意识。而在尝试心理治疗失败后，就会觉得自己被人生打败了，就会选择毁灭自己来逃脱这些痛苦的折磨。

他们生活在极度的悲伤之中，哪怕自己的生活并不悲惨，但总觉得自己是最不幸的。于是他们便将自己悲惨的命运怪罪于他人，怨恨世界对他们的不公，怨恨整个社会，他们希望自己所承受的痛苦，都能让他人体会到。

在这种严重的报复心理的影响下，他们通常会做出一些伤害他人的事情，甚至去毁灭他人。此时的浪漫者已经陷入了一种无所畏惧的疯狂状态中，极易去做一些伤人伤己的毁灭性行为。

想要成为浪漫者朋友的几种方法

要知道，浪漫者的内心总是充满忧郁，他们经常误以为自己被他人所遗弃，为了免于被遗弃，便采用独特造型彰显自我。虽然他们经常做凸显自我的举动，但是却很羡慕别人。所以，无论浪漫者外在表现是多么地富有，但是他们的内心总是隐藏着低人一等的感觉。他们追求完美，即使在追求过程中遭遇了迷茫，也会去调整自己的情绪。他们用镇定的表现去面对困难，因为他们懂得只有镇定才可以与外界和谐，可以在强烈的体验中不必为了证明自我的价值而迷失自己。那我们如何成为浪漫者的朋友呢？

1. 重视并给予他们肯定。其实，当你觉得浪漫者表现自己的独特而显得太过做作时，那也只是他们为了掩盖自己的不足之处的表现。所以，当你与他们相处时，要让他们知道你很在乎他们，并对他们的行为给予肯定，这样他们便会接近你，与你相处。

2. 浪漫者的语气总是透露出忧伤的气息，总想传递一种内心有深刻感悟的意蕴。

3. 他们标新立异和彰显独特的人格特质，对事业有一定的贡献，对于这些贡献你要加以称赞。但要称赞他们贡献的本身，不要称赞他们的成果。

4. 不要以为他们老是热衷于自己的事情，对别人的事情漠不关心，实际上他们很乐意帮助别人。但是，当你需要他们的帮助时，必须主动向他们讲明，这样他们就会鼎力相助。

5. 如果与他们共同探讨问题时，尽量承认他们的感觉，即使他们的感觉存在错误，也要慎重指出，即使是在探讨理性的东西，也不能忽视此做法。

6. 鼓励他们勇于把自己的意念和构思讲出来，并欣赏其独特之处。

7. 他们很容易处在自己的情绪之中，所以这个时候你要懂得让他们说出自己的感受，这样有利于他们快速冷静下来。

8. 如果你将自己真实的想法、感觉都告诉他们，他们也会真诚地对待你。

9. 不要用自己的理性去要求他们，因为他们都是通过直觉去判断事物，这样一来也可以开启你不同的视野。

浪漫者的职场攻略

权威关系

浪漫者追求独特，并时刻展现着自己的独特，更希望自己的独特得到大众的认可和赞赏。许多时候，浪漫者希望自己成为独特方面的权威，而不是喜欢权威方面的独特。

一般来说，浪漫者的权威关系主要有以下一些特征。

☆浪漫者倾向于忽视那些小权威，比如警察、城管、保安等。

☆浪漫者相当尊敬那些大权威，尤其是如果这种尊敬符合浪漫者心中的独特性和精英形象的话，比如市长、著名画家、著名钢琴家等。

☆浪漫者追求独特，并努力与工作领域中最出色的人结为同盟。

☆浪漫者不喜欢遵从规章制度，认为自己是独特的，因此不应受到那些普通的规章制度的束缚，因此他们常常表现出较强的叛逆性。但他们这样做并不是有意要颠覆权威，而是完全忘记了要认真对待规章制度。

☆如果违背权威将受到惩罚，浪漫者会在破坏所有规矩后，想方设法溜之大吉，享受这种"侥幸逃脱"的感觉。

☆浪漫者希望因为自己的独特能力而被选中，希望从最优秀的人那里获得教导和支持。

☆浪漫者对美有着敏锐的洞察力，他们能够感觉到他人身上真正的天赋和感情，能一眼看穿模仿或虚假的表现。

☆为了获得大权威的赏识，浪漫者会和同事们竞争。如果没有被认可，他们会怀恨在心。

☆浪漫者不愿做毫无新意的工作，也不愿在没有创意的环境下工作，除非这样的工作能够帮他们实现真正的理想。

适合的环境

浪漫者因为其独特的性格特点，使得他们能在一些环境中很好地适应。

浪漫者追求独特，具有敏锐的直觉和发散思维，因此他们擅长提供个性化意见或开发特别的产品。因此，他们适合那些能够容许大量创意自由发挥和突出个人风格的工作环境，比如画家、室内装潢设计师以及古董商等。

浪漫者注重情感，追求感官上的享受，他们是天生的艺术家，因此他们喜欢那些能够呈现感官美感的工作，比如舞蹈演员、民谣女歌手、杂志模特等。

浪漫者喜欢深入探索内心世界，寻找内心的高层境界。因此，他们总是对宗教、仪式和艺术充满兴趣，还常常精通玄学，能够成为思想深邃的哲学家，也可以成为心理顾问、女权主义者和动物权利保护者。

不适合的环境

浪漫者因为其独特的性格特点，在一些环境中很难适应。

浪漫者不能忍受平庸的生活，因此他们排斥那些无法展现他们才华的、刻板枯燥的工作，比如打字员、文员、校对员等。总之，普通而沉闷的办公室不会是浪漫者理想的工作环境。

浪漫者具有很强的比较心，又容易看到别人的长处产生伤感情绪，因此他们并不适合直接为那些比他们更富有、更有才华的人做服务工作。

浪漫性格的领导者不追求"令行禁止"

浪漫性格的领导者十分敏感，外界任何细微的变化都可能对他们的情绪造成极大的影响，导致他们时悲时喜，在情感方面总是反复无常。他们被遥不可及或者具有杀伤力的人所吸引，这种脱离现实的幻想常常使他们的内在情绪戏剧性地爆发，甚至可能出现自杀的幻想。总之，当你面对这样的浪漫性格的领导者时，常常会受到他们负面情绪的影响，变得消极起来，没有工作效率，在很大程度上阻碍了自我的发展。

在工作中，浪漫性格的领导者也是如此，不停地受外界影响，不停地改变自己的决策，容易变的情绪消沉。他们这种反复无常的行为常常对员工的工作造成极大的困扰，极大地浪费人力和物力资源。

在面对浪漫性格的领导者时，不要追求"令行禁止"的效果，而要放缓执行命令的脚步，这样才能跟上浪漫性格领导者的"步伐"，也不至于使自己做无用功。但是，对于浪漫性格领导者的命令，人们也不能直接拒绝，而要采取这样的步骤：急答应，慢行动，临行动前再请示一下。也就是说，当人们接到浪漫性格领导者的命令时，嘴上虽然答应，但并不行动，而是静静地观察一段时间，如果没有变化，则要再请示浪漫性格领导者一次，说不定这个时候他们已经改变了注意。总之，无论浪漫性格的领导者有多么的情绪化，只要你能够出色地完成工作任务，就能赢得他们的好感和信任。

化浪漫性格的员工的痛苦为动力

浪漫者喜欢关注性格中的黑暗面，因此他们常常将自己置身于一个痛苦的心境里，去感受那些悲伤、绝望等负面情绪所带来的痛苦，而且他们并不认为这是一种痛苦，反而认为这是一种艺术，是美的一种表现。

他们的生活中，既有艺术的表达，又有为维持自身唯美形象而忍受的痛苦。他们在痛苦中创造，就好像一个艺术家宁可在阁楼里挨饿，也不愿靠出卖自己的作品来换取舒适的生活。对艺术家而言，艺术的追求和现实的痛苦常常交织在一起，因为痛苦能让他们感悟到生命的本质，能调动他们内心的张力，而艺术创造则把这种感悟表现出来，使之具有意义。

因此，当领导者发现浪漫性格的员工正处于痛苦的心理状态时，需要注意分辨他们对痛苦的认知：他们以痛苦为苦，还是以痛苦为乐。如果领导者发现浪漫性格的员工以痛苦为苦，则要尽量帮助他们走出心理阴影，寻找积极的生活理念。相反，如果领导者发现浪漫性格的员工以痛苦为乐，则不要干涉他们，以免阻碍了浪漫性格的员工创作力的迸发。

"稀缺"商品更吸引浪漫性格的客户

浪漫者追求独特，独特感常常能让他们感到自己受关注、被关爱。而且，他们认为世界上所有重要、完美和独特的人和事，包括爱、幸福和快乐的感受，都只会与自己擦身而过，这就是他们的悲观情绪。但是，他们又相信，自己终会得到这些重要、完美和独特的人和事，只是它们非常特别，难能可贵，不是那么容易遇到。一旦他们发现特别的人或事，就会想尽办法去接近他们，以免错失走向快乐的机会。

要想赢得浪漫者客户的关注，营销人员应该着重突出商品的独特性，利用"物以稀为贵"的市场规律，竭力突出商品的"稀缺性"，这样往往能取得不错的效果。

恋爱中的浪漫者

浪漫者的恋爱关系

在浪漫者的恋爱关系中，其丰富的想象力和艺术的情感表达方式能够使得他们的爱情保持激情，但浪漫者强烈的缺失感常常使他们产生严重的自卑、悲观情绪，且疑心较重，容易伤害伴侣的感情。

一般来说，浪漫者的恋爱关系主要有以下一些特征。

☆浪漫者用艺术的眼光看世界，认为心情、态度、品位都是情感关系的布景。

☆浪漫者有着极强的缺失感,常常将注意力集中在那些别人有,但自己欠缺的事物中,并因此自哀自怜。

☆浪漫者为自己的缺失而痛苦,认为自己不完美,所以不配被爱,也常暗自做好被离弃的心理准备。

☆浪漫者关注未来,把大量的注意力放在等待爱人出现的准备工作上。

☆浪漫者忽略当下的生活,不关注身边的人或事。

☆浪漫者厌倦日常生活的乏味,喜欢通过戏剧性甚至破坏性的行为来增强情感关系的激烈程度。

☆浪漫者期望复杂的情感关系。

☆浪漫者喜欢享受追求的过程,而不是快乐,这是一种精致的、苦乐参半的情感体验。

☆浪漫者追求激烈的爱情,认为只有激烈的爱情才是真正的爱情。

☆浪漫者喜欢制造多层次、多阶段的爱情,不容易爱上一个人,也不容易放弃一个人。

☆浪漫者没有安全感,不敢许下长久的承诺,但却极端需要被保护、被爱惜。可是当伴侣想许下诺言时,他们便会避开,不敢接受。

☆浪漫者对情感关系的关注总是忽冷忽热:当你在他们眼前时,他们看到的是你的缺点;当你与他们保持安全距离时,他们又会发现你的优点。

☆浪漫者用独特的外表来弥补内心的缺失感,用艺术的表达来抑制内在的情感。

☆如果目前的关系在别人眼中是完美无缺的,浪漫者便会倾向怀念逝去的恋爱。

别用消极的眼光看待伴侣

浪漫者总是有着强烈的缺失感，因此他们骨子里总是透着孤独、凄凉的味道。他们喜欢阴郁的天气和忧郁的感觉，喜欢格调忧郁、凄凉的诗词。比如，他们就特别喜欢李清照的词："寻寻觅觅，冷冷清清，凄凄惨惨戚戚。乍暖还寒时候，最难将息。三杯两盏淡酒，怎敌他晚来风急。"或是顾城的诗歌："黑夜给了我黑色的眼睛，我用它寻找光明。"正是因为这种悲凉情绪，使浪漫者越发自卑起来，总是害怕被抛弃，因此他们看待伴侣的眼光总是呈现消极色彩。

一旦浪漫者消极地看待伴侣，就越发感到不安全，感到自己随时都会被伴侣抛弃，于是，他们就会变得苛刻，处处挑剔伴侣的行为。然而，挑剔伴侣只会让他们对自己的生活也发生怀疑，而改变对伴侣的消极看法会让他们体会到婚姻的美好。

神秘的浪漫者惹人爱

浪漫者喜欢在自己和恋人之间制造若即若离的距离感，以保持自己在伴侣心目中的神秘感和美感。他们对于爱情往往有着这样的念头："因为爱你，我必须离开你。当离开你后，我才发现有多爱你。"

浪漫者总是将自己及伴侣置身一种永无止境的"推—拉"游戏中。当他们感到过分亲密会危害到恋情时，比如朝夕相对会导致双方的缺点无所遁形时，他们会将伴侣推开。另外，在确认真正的伴侣后，他们会在伴侣决心离开前，用尽一切方法说服伴侣回来。可是伴侣希望两人关系稳定下来时，他们却会再次退缩，不会做出一些具体的承诺。在伴侣为他们的冷漠失望时，他们又会重新施展吸引伴侣回来的策略。总之，浪漫者就是喜欢在爱情中制造若即若离的感觉，他们称这种恋爱模式为"吸引—拒绝—再吸引—再拒绝"，如此循环不息。如果他们能够避免自己陷入悲情主义的旋涡之中，就能凭借自身的神秘感赢得长久而幸福的爱情。

爱情也可以很平凡

浪漫者追求独特、浪漫、刺激的爱情，他们不能容忍欠缺"味道"的爱情，因此他们常常幻想在平淡如水的寻常生活里，会发生一些可以刺激起神经的不幸事故，诸如死亡、别离、灾祸、第三者插足等。有时亦会无缘无故假想自己被遗弃，需要孤身一人面对冷酷的世界，由此来确认伴侣的重要性，说服自己要安于现状。在他们看来，只有激烈的爱情才是真正的爱情。

但是，大多数人的爱情终究是平淡的，如果浪漫者一味地追求爱情的刺激感，在自己和伴侣间不断制造矛盾、痛苦，常常起不到增进彼此感情的效果，反而可能导致双方感情的破裂。因此，浪漫者需要接受爱情中的平凡，如此才能获得更长久的爱情。

给浪漫者的建议

对美有着独到的欣赏眼光，这让你自视高人一等，好像你的才情并不能被一般人所理解，你也会因为没有知音而暗自苦恼，实际上你只要能把内心的想法大胆地表达出来，或者用实际行动做出来，别人会更容易明白、更容易体会，这比你一个人臆想要好得多。所以请放下一些不切实际的幻想吧，开始去体验美妙的人生。

你的确不喜欢人多嘈杂的环境，渴望一个人独处和冥想，在幻想中构建自己的情感世界，虽然这样能让你获得内心的安定，却让你身边的人感到了很强的疏离感，他们会对你的冷漠感到伤心，在一段时间的接触之后对你渐渐远离。要知道这种远离很大程度上是由你的冷漠造成的，而且你终究不能活在自己虚构的世界里，你还需要和其他人联系，所以要尝试和别人建立友谊，把自己从与世隔绝的环境中脱离出来。

不要在情绪中掺入太多的感性因素，虽然你有多愁善感的天性，也喜欢追求浪漫和华丽，但是要学会适度的在情绪中增加理性的思考，不要一味地跟着感觉走。

遭遇不顺心时，推卸责任、自我封闭都是不可取的方法，这样的态度对解决问题毫无用处，即使事后想采取措施去改变也于事无补了。有时候你会像一株敏感的含羞草，一旦感受到外界不好的刺激就把自己蜷缩起来，祈求能够逃避眼前的痛苦。可是这样做有用吗？困难没有克服，危险也没有消除，你总要再次面对世界，那时候又该如何呢？所以不要一味地逃避，向实干者学习一下，直面困难正视挫折，只要有心就一定能解决问题。

对浪漫者来说，你们最大的宿敌就是情绪化，经常会在某个时刻因为一件微不足道的事情莫名其妙地变得伤感，但如果有足够令人振奋的消息也会很快从伤感中摆脱出来。总之，你们的情绪可谓招之即来挥之即去，事先毫无征兆。但请一定要注意，要想成为自己的主人，就要先学会管理自己的情绪，只有让自己的情绪变得有规律有常态，才能调整好为人处世的心态。所以每次情绪发作之前请忍一忍，静静地思考一下这样的情绪是不是合理，如果过于偏激，请立即用意志压制住它。

人生的确会有很多不如意的地方，不管是不幸的童年、失败的人生经历，还是不如意的职场和事业，都不应成为你永远的伤痛，学着从一时的悲伤中走出来。毕竟人生总是要向前看的，不能总活在过去的阴影中，过分的伤感悲痛只会让你在自我沉沦中浪费更多的时间。学着多去和别人沟通，敞开心扉去接纳真实的自己，自责和自卑只会带来更多的负面情绪，让你难以自拔。

7

泰然自若的理智者

案例分享

　　小刚面对任何事情的时候，总能表现得沉着冷静，而他的上司更是出奇的冷静。他的上司在思考问题时总是将自己关在办公室里，因为这样就不会有人去打扰他了。所以他的员工都知道，如果上司独自在办公室里千万不要打扰他，否则就会受到领导的训斥。每当开会的时候，他总能找出问题的本质，而且提出的方法总能最快地去解决问题。但是，当大家谈论私生活的时候，他总是保持沉默。因为，他并不喜欢谈论这些，更不喜欢其他人去打听他的家庭。他特别喜欢安静独立的工作环境，因为这样他会感觉自己就像是充电一样，精力充沛。

理智者的新名字：沉着冷静的CPU

理智者和浪漫者总是如此相反，理智者就像是一个CPU，他们并不会在乎自己内心的感受，往往都是理智地转动大脑，用自己的理性思维代替内心的情感。正因为他们不关注自己的内心感受，所以，也不太喜欢向他人诉说自己内心的感觉，他们喜欢独立的空间，因为这样会让他们的大脑在寂静之中高速运转。理智者对自己所感兴趣的学问总是表现得如饥似渴，只要能研究透彻并和他人有深度地交流，自己的精神和思想就会有所增益，那样就不会觉得是在浪费时间。理智者喜爱学习，因为知识就是他们的力量。

他人眼中的理智者

理智者往往把自己的生活和工作都安排得井井有条，每一种活动和兴趣都有专属的空间和既定的时间，往往很少能重叠在一起。而且他们在生活中结交朋友也用同样的方法，在不同的场合将不同事业的人区分开，有条有序地对待不同职业的人。

他们的思维往往都非常活跃，但行动却很笨拙。他们像一个"思想家"，但只是思想的巨人，并不会付出行动。

理智者在学习阶段乃至工作阶段都像是一个学霸，热衷于对知识的追求，而且越深刻、越抽象的东西越喜欢，这样会让他们的大脑在这些难题中高速运转。他们觉得只要有了知识就不会感到焦虑，只要有了知识才知道如何应对困境，只要有了知识才能更清晰地认识这个世界。

理智者眼中的自己

我喜欢将自己封闭起来，这样就不会有人来打扰我，也不会受到难以预测的威胁。

我是一个不善交际的人，和朋友都保持一定的距离，我不想被他们的情感所影响，因为这样会影响我对生活的思考，使我变得困惑而且无精打采。也正是因为这样，我给别人的感觉总是很冷血。

我不喜欢群体的生活，也不喜欢群体的运动，而喜欢独立思考问题。因此，我常常喜欢自己去做任何事情，虽然在知识的领域里我感觉自己十分自负，但是我认为自己所有的想法都是基于真理的认定，以坚守自己的理念，有时也可能由于我对真理的渴望，使我的做法太过激进，从而容易让那些与我共同做事的人感到挫败，为此别人总怨恨我损伤了他人的自尊心和创造力。

我会将我的人际关系保持抽离状态，这样就不会有情绪失控的时候。我认为距离是一种美，所以在人际关系上我显得比较冷淡、漫不经心，甚至没有什么社交活动。我和他人保持关系的方式多半是讨论一些主题，或参与一些寓教于乐的休闲活动。我活在一个由理智、省思和灵感所统御的世界当中。我不太爱开口，而且也觉得好话不说第二遍，如果别人听不懂或不欣赏，我就只有一个想法，那就是"那个人太肤浅！"我知道我的这种态度有些曲高和寡，容易造成人缘不佳的印象，所以最好的方法就是尽量避免出现在人多的场合。当别人真的需要我的时候，我也会全心全意尽我的能力去帮助他们，不过我用的方式是理性分析，而不是光凭直觉和感觉来处理。

对于不合逻辑或不经过大脑分析的想法，我会显得十分不屑，我习惯通过事物的表面来看问题的本质，而且往往很快便可以达到比较深远的层次，当别人只看到物体具象的部分时，我已经进入抽象的领域。例如一个红色的苹果，在一般人眼中可能只是一个红色的苹果，但是我却可能思索苹果为何会存在，它是如何来到这个世界上的？它为何静止在桌面上，而不是飘浮在空中？所以我喜欢重新定义一些东西，以求将事物看得更清晰透彻。

我是一个非常独立的人，能够一个人去生活。我对生活的需要很少，只要能从自己的精神世界中找到自己所认为的乐趣，那么我感觉自己所耗费的时间和精力就不是在浪费。虽然有时我也会感到内心的空虚，但是我总能用知识来转移自己的注意力，我去学习知识，收集数据，并加以研究。我不会在乎自己物质上有多少，更着重的是自己头脑的富足，所以，每当我找到自己感兴趣的方向时，总能废寝忘食地去研究，用思考来满足自己对知识的渴望。

我总是喜欢研究一些深奥的科学，因为我认为这对我知识的提升有极大的帮助，尤其对那些能够解释人类行为的系统知识特别感兴趣。但是，知识的广阔也不会让我感到不安和迷茫，它让我觉得自己现在所了解的都是无知的，我在追求知识的道路上，就会不知不觉踏入一个未知的领域，在那里我一无所知，每当我越想去了解事物全貌的时候，就越觉得自己的无知，就渐渐地脱离了现实。在这个时候我总是感到迷茫，所以我可能会出现错误的见解，或归纳出不成熟、不实际的方案。在这个时候我也是矛盾的，不是说我的思想"极端"或者"先驱"，我做事时总是犹豫不决，不过值得肯定的是，我确实给别人提供了许多"真理越辩越明"的机会。

理智者的身体语言

如果在生活中你和理智者有过交往，只要你细心观察他们的行为，便会读懂理智者的身体语言。

1. 理智者往往不注重自己的外表，也不注重自己的物质生活，所以他们通常给人以身材瘦弱、弱不禁风感觉，而且他们的衣着非常简朴。

2. 理智者喜欢孤独，所以你常常可以看到他们安静地待在一个地方，不希望引起别人的注意。

3. 无论是坐着还是站着，理智者身体动作都很少，常常给人传递出这样一种信号：请不要关注我，我只是一个旁观者，并不想投入你们的环境或话题当中。所以他们的身体会给人太过僵硬的感觉。

4. 理智者追求简洁，当他们行走时，习惯径直接近目标。

5. 理智者外表冷漠，即便正在经历激烈的情绪或情感，他们也会神情木然。因为他们总想尽早摆脱所处的环境，回到自己的空间去。

6. 理智者常常漠视自己的情感，因此人们很难从他们的眼神中觉察到情感和情绪的变化，也就强化了那份冷漠的感觉。

7. 理智者习惯在与人相处的时候进行情感抽离，以克制自己的情感，避免情感外泄，所以他们在对待自己伴侣时也总是限制自己的情感。

8. 小时候的理智者是"贪婪"的，他们从小便争取更多的知识。

9. 当理智者感到无聊而陷入思考状态时，依旧不会主动去找别人，更不会去注重别人的感受，而且他们的面部不会有任何表情。

10. 理智者在面对问题的时候，可能会研究出很多的方案，却不愿意动手解决。

理智者的闪光点和不足

与其他性格者相比，理智者的特点是理智的、冷漠的、孤僻的。他们知识丰富，一直希望自己能成为某个方面的专家，他们热衷于寻求知识，喜欢分析事物及探讨抽象的观念，从而建立理论构架。我们就来看看这些孤独的理智者那些亮丽的闪光点。

1. 精神重于物质。理智者对物质的要求并不高，无论是自身的衣着还是生活的环境他们都无所谓，因为他们认为这些都是身外之物。金钱对他们来说就是能让他们免受打扰，能够享受独自的生活，能够有更多的时间去学习和追求感兴趣的东西。

2. 敏锐的知觉力。理智者面对问题的时候，总能透过事物的表面，去看到事物内部的核心问题以及潜在的危险，然后想出最好的方法进行解决。

3. 极强的专注力。理智者非常喜欢独自思考，尤其是在思考的时候他们不喜欢别人去打扰他们，因为当理智者陷入思考的时候都是全神贯注的，所以一旦有人来打扰他们，就会打断他们专注的思考。

4. 极强的分析力。理智者总喜欢对任何事物都进行分析，总能冷静地去观察和思考事物，研究问题，从而对所有问题做出最正确的认知。

5. 理性。理智者喜欢克制自己的感情，因此他们不太讲究自身感受，身体语言不丰富，为人冷静，事事都会以理性的角度去分析。他们喜欢把不同的人、事分门别类，凡事喜欢刨根问底，喜欢用逻辑分析、理性思考来解决人生的所有问题。

6. 以事实为导向。理智者喜欢以事实为导向，他们总是把心思集中在外在世界上。"客观"是他们追求的目标，总是以冷静沉着、抽离的态度来窥探这个世界，从而发现别人不曾怀疑的问题。

7. 善做准备工作。理智者认为准备不足造成意外是非常可怕的，因此他们喜欢在做某件事前，设法收集所有相关信息，并预演一番，以便能及时应变。他们在表态或做出结论之前，已经进行了翔实的调查和周密的思索，甚至在思索中把每一个小细节都分别分析后，再将其串联起来分析，觉得万无一失才会公布于众。

8. 擅长规划。理智者能够与人和事保持适当的距离，这样他们不会为琐事困扰，一下子就能抓住问题的本质。他们理性、不冲动，总是尽可能地搜集所有问题的资料，注重研究，最后确定解决方案，建立细致的拓展蓝图。

9. 善于学习。理智者喜欢学习，为拥有知识而兴奋。他们以兴趣为导向，对自己感兴趣的东西，不管能否产生实际的效用，他们都会一头扎进去，没日没夜地研究、探讨，直到找到想要的原理或真相。

像苦行僧一样的理论者，看似通过磨炼自己能将所有的缺点都磨平，可是过度享受孤独也会让他在生活中显示出许多不足之处。

1. 过于看重知识。在理智者眼中知识就是力量，知识就是一切。所以，理智者对知识是极其渴望的，他们就像恶狼面对小绵羊一般，总是将自己全部的注意力都集中在追求知识上，整天埋在书籍资料之中，不断吸取里面的知识。

2．行动力较弱。理智者非常看重知识，但因"行动力弱"导致他们很少能实现构想的价值。他们在工作的时候，时常犹豫不决，导致在工作的时候很容易错失一些机会。虽然，他们有时也愿意付出实际行动，但是在行动过程中很容易中途放弃。

3．思考过度。理智者总是冷静去思考问题，也正是由于他们的冷静，导致他们在思考问题时总会想很多，虽然这样有助于他们在面对困难或者混乱的局面当中不会感到慌乱，但是由于太过沉着的思考，常常会延误了处理事情的先机。

4．抽离自己。理智者有着强烈的距离感，他们看人看事时都刻意保持一定的距离，总是将人际关系保持在一种抽离的状态，很少公开谈论自己的事，也不喜欢与人深交，更不喜欢陷入复杂的人际关系中。总之，他们习惯从人群中抽离自己或抽离自己的情感，以扮演"旁观者"这个角色。

5．忽略感觉。理智者崇尚理想，拒绝感性，因此他们害怕自己有太多情绪感受，认为这绝非做人做事的依据。因此他们不喜欢亲密的感觉，害怕情感的介入会打扰自己的情绪及思想世界，所以他们总在尽力控制自己，使自己的情绪冷漠、僵化。

6．害怕冲突。理智者不喜欢与人亲近，因而也不喜欢处理人际关系。当他们与人发生冲突时，常常会自动退缩回自己的世界，对他人的怒火不予理睬，这往往越加激发他人的愤怒情绪，导致情况恶化。

7．吝啬。理智者为了维护自己的私密性，尽量减少与他人的来往，因此他们尽量克制自己的欲望，以使自己达到自给自足的状态。同样，他们不求人，也不希望被求，因此不愿意为他人花费自己的时间和精力，更不愿意和他人分享自己的空间和资讯，容易给人一种吝啬的感觉。

8. 贪婪。理智者因对于知识过度苛求而变得贪婪，他们希望了解天下的大事，希望饱读诗书。他们想要通过自己的贪婪获得独立生存的资源，来更好地掌握自己的私密空间，但是这种贪婪也让他们变得以自我为中心。

九个层级的理智者

第一层级：有高度创造力的人

第一层级的理智者拥有普遍理智者都拥有的参透力和领悟现实的奇异能力，而且他们还拥有其他理智者不曾拥有的行动力，他们能够很好地领悟万物的要义，善于创造，并发现全新的事物。他们拥有丰富的知识，而且能在生活中加以运用。

他们拥有极高的艺术天赋，强大的领悟能力，这能让他们在艺术领域不断的发展。

在生活中，他们就像是一个先知者，总能通过细致的观察力，来发现事物的内在逻辑、结构及相互关联的模式。即使当他们面对的事物是模糊的时，仍然能够保持清晰的思考能力，去挖掘事情的真相。

他们不再用自己的心灵去防御现实，而是让现实进入心灵中，以一种看似来自自身之外的洞察力去感知这个世界全部的复杂性和简明性，并完美地描述现实。他们能从已知的事物跳跃到未知的事物，清晰而准确地描述未知的东西，使新的发现与已知的东西完美统一，这就是他们的伟大成就。

这个层级的理智者所表现出的高度创造力完全是不自觉的，他们不会感到紧张，而是如同在家一般的平和。这是因为他们已经超越了对无能和无助的恐惧，所以也就摆脱了对知识和技能没有止息的追寻。因此他们不再视他人和挑战为一种不堪的重负，而是能够敞开胸怀，抱着一颗同情之心运用自己的知识和才华，这样也就容易激发自身的创造力。

第二层级：智慧的理智者

第二层级的理智者是细微的理智者，他们拥有卓越的智慧，运用自己的双眼细致地观察周围的生活。

他们算是九型人格中最敏锐的人了，敏锐地看着世界，而且对每一件事都感到非常的好奇，也正是由于这个好奇心和敏锐的观察力，他们更能深刻地意识到事情的复杂性。

他们不仅善于观察，而且还善于思考，能从生活中所观察到的事物中获得许多乐趣。他们面对某一件事物的时候，常常会对这件事反复咀嚼，品味这件事的过程。在他们看来，拥有知识、认识世界乃是最令人高兴的事，人、自然、生命、心灵本身都会因此而快乐。

他们的洞察力相当敏锐，因为他们拥有不可思议的能力，能直入事物的核心，发现异常、奇妙的事实或隐藏的因素，从而为揭开全部真相提供一把钥匙。由于拥有这种成功的洞察力，他们总是有有趣的或有价值的事情可以与人分享。

他们喜欢以专注的态度去深度了解世界，因此似乎总是透过放大镜在观察这个世界，人与物都巨细无遗地呈现在他们眼前。而且，他们喜欢持续多年埋头于某一个难题，直到问题解决，或者直至明白该问题是无解的才肯罢手。

他们习惯跟着自己的好奇心和感知力走，不怎么关心社会成规，也不想受到其他事物的妨碍，使得自己没法从事真正感兴趣的事。因此这常常使他们成为别人眼中的"怪人"，但他们却不在乎。

第三层级：专注创新的人

第三层级的理智者面对事物时总是喜欢创新，喜欢用自己所学过的知识去探究、发现新东西来超越他人，这不仅可以增强他们的内心能力，也为他们创造出一块别人无法匹敌的领地。

随着思考的深入，理智者常常认为自己的智力和感知力非凡，这时他们就开始担心自己会失去这敏锐的感知力，或担心自己的思考不准确。于是，他们开始集中精力积极投身于自己最感兴趣的领域，其目标在于真正地掌握它们。通过这种方式，理智者希望能有一种能力或一套知识，确保自己在世界上拥有一席之地。也就是说，理智者希望维持自己的独特性。

他们的创新可能是革命性的，能够扭转旧有的思考方式。他们的想法具有超前性，而且这些想法在经过刻苦钻研后，往往会带来惊人的新发现或创造出艺术作品。即便是被当时所处的时代看作不切实际的东西，也可能会在新的时代里成为某个全新的知识分支或技术分支的基础，比如物理知识使电视和雷达成为可能，或者催生了后来的某部小说或电影的某些奇思异想。

他们愿意和他人分享自己所拥有的知识，在和别人讨论自己的想法时，他们常常可以学到更多东西。而且，他们那份热情对周围的人极具感染力，并且他们乐于跟别的知识分子、艺术家、思想家一起维护自己的专业领域。

第四层级：勤奋的专家

第四层级的理智者总是担心自己所知道的知识还是不够多，于是他们胆怯自己的行动，勤奋地去寻求知识，探索奥秘，但是依旧无法找到自己的定位。

他们开始变得不自信，喜欢退回到经验领域，觉得在那里会更加自信、更能控制自己的内心。他们认为，知道得越多，就越能发现自己的无知。因此，他们总是觉得自己必须做更多研究和实践，必须更好地掌握技术或考验。

他们不再利用自己的才智去创新和探索，而是将它用来对事物进行概念化和作比较。他们会花大量时间去把某个问题或一首歌的想法概念化，但又犹豫要不要把这些想法诉诸实践。

健康状态下的理智者运用知识，而一般状态下的理智者追寻知识。他们总认为自己不如别人准备得充分，所以必须去搜集自认是"成就自身"所必需的各种资讯、技能或资源。为此，他们开始放弃社会活动，花越来越多的时间和精力去获取资源。进入理智者的房间，常常会发现房间里堆满了他们努力获取的资源：书籍、磁带、录像带、CD、小玩意等等。他们还会成天泡在书店、图书馆以及提供知识的场所，对可帮助他们获取知识的工业产品极为痴迷，更会花大量金钱去购买所需的工具。总之，他们努力搜集一切资源以使自己成为某方面的专家。

第五层级：狂热的理论家

第五层级的理智者开始痴迷于某一项的研究，他们的兴趣变得狭窄甚至怪癖，只会关注自己兴趣之内的事物，而兴趣之外的事情会渐渐淡忘，甚至再也不去理会。

他们感到自身对现实的掌控能力在逐渐减弱，对自身能力的不安全感却开始增强，因此他们习惯退回到内心的安全范围中，将注意力转向内心，用自己所拥有的内心力量和财力去获取自信心和力量，使自己能够在生活之路上走下去。然而，他们常常错误地将这种力量运用到对细节的关注中，沉浸在被他人视作细枝末节的琐事上，对能真正帮助他们的活动也失去了透视力。也就是说，他们把无数的时间花在各种计划上，但又得不出什么结果，这往往使得他们对自己和自己的观念更加不确定，使得他们更加害怕失去凭理智构建的安全感。

他们不再相信情感力量，认为情感需要会成为自己的负担，因此转而相信一切都取决于获得一种技能或能力的观点，这样才有机会在这个越来越没有怜悯和关爱的世界中生存下去。因此，他们致力于提高自己的专业技能，沉浸于复杂的学术难题和万花筒般的体系中——那是些精细的、难以参透的迷宫，他们觉得只要这样做就可以与世界隔绝，专心于学术，处理这些难题。

在与人交往时，他们喜欢隐蔽自己，以维持其独立性和操控整个局面。因此，他们越来越不愿意和他人谈论自己的私生活或情感生活，害怕这样做会给他人可乘之机。另外，和他人谈这些事只会让自己陷入更直接的恐怖经验中，只会让自己变得更加脆弱，而这也正是他们明确想要避免的。但他们不会直接对他人说谎，而是尽量避免向他人提供自己的信息，他们可能言语简洁凝练，也有可能秘而不宣，或者是完全不善交际。

他们不再探究客观世界，而将注意力集中在自己的观念和想象上，沉浸于自己对世界的阐释中，对周围世界的感知越来越少。由于他们把所有时间都用在思考上，忽略了外界的变化，常常使得他们难以和他人顺畅地交流，交际生活基本技能较弱。

第六层级：愤世嫉俗者

第六层级的理智者害怕自己的事情因为人或事的干扰而被打乱，所以他们常常会选择抵御一切新的东西，这也使得他们常常给人留下富有攻击性的形象。他们喜爱思考，喜欢研究那些复杂而又深刻的问题。但是又有极强的防御心理，会主动抵御外界的事物，从而保护自己的独立空间。

他们变得越发不自信，即便是那些最受人推崇的观念和计划也不能增添他们的信心，反而使得他们危机感倍增。对自己无力应对环境的潜意识的恐惧，会时常涌上他们的心头，这使得他们生活在日益加深对世界与他人的恐惧中。他们觉得几乎所有的一切都是不确定和无法实现的，而令他们愤怒的是，似乎别人对他们的恐惧状态感到很满意或满不在乎。在这种情况下，他们常常会表达极端的观点或采取极端的行为，来动摇他人的确定性或满意度，倾覆他人的安全感。

他们更关注自我，喜欢通过自己的生活方式来责难世界，因此他们可能会选择过一种极端边缘化的生活，以避免"出卖"自己。他们会有意穿着挑衅社会的"衣服"，或做出一些十分出格的行为。总之，他们追求不同于社会主流的生活态度。

他们的思想极度复杂，常常把合理的见解与极端的阐释混合在一起，而自己根本没有办法分辨二者之间的差异。这是因为他们总是极度简化现实，拒绝对事物做更多正面的、多样的解释，从而导致认知上的偏差，容易造成思维混乱。总之，他们健康的原创力逐渐退化，变得乖僻，由原先的天才开始变成一个怪异的人。

他们常常感到十分无助，并因这种强烈的无助而感到痛苦、失眠、发脾气。究其原因，这是因为他们长时间忽略现实因素所致。如果能走向他人，承认自己的苦恼，就能克服困难、重建自己的生活。相反，如果继续逃避现实世界，那最后就只会切断本来所剩无几的生活联系，沉入更加可怕的黑暗之中，最终因精神崩溃而灭亡。

第七层级：虚无主义者

第七层级的理智者逐渐开始从现实的世界中脱离出来，他们是孤独者，面对生活感到无助，而且怀疑别人，认为所有的人都能对他们造成威胁，他们现在的状态已经不能用健康来评价了。他们想要逃离，对所有能威胁到自己的人或事都持一种对立的态度。因此，围绕在他们身边的人越来越少，而他们也会越来越孤独。

他们感到无助，内心恐惧，感觉自己一直都受到外界的威胁，于是又与他人保持着距离，来确保自己内心的安全，保护自己的主权。然而，由于长时间的孤独，他们背对社会，变得孤僻，最后陷入到虚无主义的绝望之中难以自拔。

他们不允许他人怀疑、嘲笑和不理睬自己的想法，因为这是侵犯他们隐私和自由的行为，容易激起他们的攻击性。这时的理智者会为了维持自己仅存的且完全一厢情愿的一点点自信，变得极其无礼，比如怀疑他人、嘲笑他人、贬低他人甚至伤害他人。这又容易激起人们的排斥，使得理智者和他人的关系越加疏离。

他们极度推崇节制主义，认为只要清除掉自己的一切，只留下最基本的生活保障品，就能使自己获得独立，并因此而不致被任何人或任何事所钳制。他们的节制行为甚至可能达到极端的程度。比如把汽车丢掉，一个人窝在一间废弃的屋子里生活，这样他们就不再是"某个体系"的一部分；他们可能漠视自己的身体，从来不注意自己的形象，吃得很差，过着乞丐一般的生活。然而，这种不受现实钳制的行为往往使得理智者越发脱离现实，越发感到无助和恐惧。

为了逃避自己的孤独，他们常常利用酗酒和滥用药物的方法来麻醉自己。而且，他们喜好实验的特质也使他们想要尝试明知危险但却新奇的药物。但这不仅不能将他们从虚无主义的痛苦中拯救出来，反而会使他们陷入更深的虚无主义中并进一步侵蚀他们的自信心，驱使他们进一步走向孤立，并加剧他们生活的退化。

第八层级：孤独的人

第八层级的理智者想要变成一个隐者，因为此时的他们内心的恐惧感会加深，对自己越加不信任，他们逐渐去逃避，不想与世界接触。从而隐蔽山林，处于与世隔绝的状态。

他们不愿意与他人接触，沉浸在自己的世界中，因为在自己的世界中，可以掌控一切，不需要看待和听从他人。可是当他们回到现实生活中的时候，就会发现自己所能掌控的真是少之又少。所以，他们苦恼、痛苦，再次回到自己的世界中，再次沉浸在自己想象的生活中，他们开始逃避现实，减少与外界的交流，减少各种活动。但由于他们的内心世界是恐惧的真正源头，所以也成了他们最后的祸根。

在他们看来，现实中的一切都是汹涌的、吞噬性的力量，整个世界好像就是一个荒诞的噩梦，一种发了疯的景致。在这个荒诞的世界里，他们找不到任何可以给予他们安慰和信心的东西。而且，他们越是透过自己扭曲的感知力看世界，就越是感到恐怖和绝望。随着其恐惧范围的扩散和恐惧强度的增加，越来越多的现实遭到日益严重的扭曲，以致他们最后什么事都做不了，因为一切都染上了恐怖的味道：天花板随时都会坍塌砸到自己，桌子上的水果刀随时都可能飞过来刺伤自己……总之，他们开始频繁地出现幻听、幻觉，觉得自己的身体就像外星人一样是个异类，这让他们感到恐惧，并时刻提高警惕，一刻也安静不下来。结果，他们的身体被弄得疲惫不堪，各种问题堆积在了一起。

他们开始频繁地失眠，一方面是因为害怕自己睡觉的时候可能遭受残暴力量的攻击，另一方面也害怕自己那些充满暴力倾向的梦境。为了摆脱这种恐惧感，他们常常选择药物或酒精来麻醉自己的心智，乞求获得一时半刻的宁静。然而，这往往造成他们身体状况的恶化，并进一步导致精神状况的恶化，使得失眠、幻听、幻觉的情况越发严重起来，甚至出现精神分裂。

第九层级：精神分裂症患者

第九层级的理智者的病状越发严重，他们常常会幻听、失眠，甚至有的时候还会出现幻觉，就像是一个精神分裂患者，感觉自己非常弱小，他们不再相信自己，并对他人产生了恐惧，渴望停止所经历的一切。

他们希望自己能让他人感到恐惧，因为这样至少还可以为他们提供一点内心的力量。但是，另一个方面，对他人的恐惧又使他们变得懦弱，感到世上已经没有安全的地方可以去，甚至连自己的内心也感到恐惧。所以，他们在生活中总是被这两种思路不断冲击，不仅没有消减理智者内心的恐惧，反而让他们更没有安全感，也让他们的精神进一步分裂。

随着理智者精神分裂的加剧，他们越发觉得自己的人生演变成了一种持续的痛苦与恐怖体验之中，他们渴望停止下来，想要在忘却中终止一切体验。在理智者看来，终止一切痛苦体验的一种办法就是自杀。因为他们对于自己和世界感觉到的只有恐惧和恶心，而终止恐惧和恶心的唯一出路就是终止生命的一切体验。而且，他们认为自己的生命已经毫无意义，自己根本没有理由再苟活下去。正如哈姆雷特一样，"死亡"的念头成了"真心渴望的完满结局"，死亡是他们最好的解脱方式，正应了中国民间的俗语"一死了之""一了百了"。

当然，理智者也会选择另一种方式来终止自己的痛苦体验。他们会选择控制自己的心智，尤其是控制因不断蚕食自我的恐惧症、因显意识与潜意识分裂为两个部分而产生的巨大焦虑,这样他们就能够退回到自我看似安全的部分,退回到一种类似精神病的孤独症般的状态。也就是说,他们对自己的思想是如此恐惧,以致干脆放弃思考。他们借着认同自我内在的空虚来达到这个目的。但是,当他们退化到这种内心空洞的心理状态时,以前他们所拥有的那些智慧和才能全都消失了。他们从现实中撤退是为了获得时间和空间去建立自信心和应对生活的能力,但由于恐惧和孤独,他们最终毁灭了自己的自信心和才能,甚至毁灭了自己的生命。那些没有结束自己生命的理智者像患了精神病一样与现实彻底决裂,最终过着一种无助或与世隔绝的生活,而这恰是他们最害怕的。也就是说,他们不惜出卖自我灵魂换取的"幸福",原来就是他们最大的恐惧和痛苦,这实在是莫大的悲哀。

想要成为理智者朋友的几种方法

在人类社会中,理智者是属于性格孤僻的一类人。但是,人与人的交往是必不可少,接触谁和不接触谁,有时是不以自己的意志为转移的,是受环境和客观因素限制的。在我们身边总会有一些理智者,不要以为他们老谋深算、瞻前顾后、少言寡语而不易相处。其实,只要我们与理智者友好相处,他们也是能和我们友好共处的。所以,我们要掌握与他们相处的几种方法。

1. 如果你和理智者共同工作的时候,或者共同完成一个项目的时候,一定会发现理智者永远是最沉默的,他们在任何问题上都会显得不够积极,表现得退缩。在这个时候你千万不要急躁,也最好不要生气。你要表现出亲切的善意,这样能减轻他们在工作中的紧张与焦虑感,让他们缓和一下紧张的氛围。这样他们便能发挥自己的特长，找出问题的实质。

2．理智者是敏感的，虽然亲切的善意能让他们在工作中缓和自己紧张的情绪，但是如果你过于夸赞，他就能很容易察觉出你的虚伪，从而感到厌烦。所以，你对他们的称赞要适度，这样他们就会觉得自己的能力得到了你的认可，从而更加努力去工作，以此充分调动他们工作的积极性。

3．如果你需要向他们阐述你对某件事物的感觉时，要直接而切实，他们不喜欢别人说话时绕弯子。

4．如果你想让他们做某件事，一定要注意语言的表达方式，也就是说要用一种请求似的语气，切莫用要求似的语气，因为他们的自尊心很强，唯恐别人小瞧了自己。

5．他们对属于自己的时间和空间很吝啬，总想利用这些空闲的时间进行思考，同时他们也反感无准备的接触。当你有事情必须和他们交谈时，事先最好与他们取得联系，这样有利于事情的促成。

6．在与他们的交谈中，如果发现他们表现出傲慢或者疏远你，那就证明他对你的观点或提出的事情不感兴趣，如果他们发怒，那就证明他们已经非常反感你了。

7．他们愿意将生活加以区分，喜欢有计划地做事，往往把很多东西都划定一个个界限。不在万不得已时，不要打破他们认定的界限。不要显得对他们依恋或依赖，如果那样，他们有可能会退缩。

8．在与理智者沟通的时候，要主动与他们交谈，如果你们谈话的时候，他们保持了沉默，那你不要生气，他们并不是拒绝和你一起谈话，只是在品味你的话语。如果你被邀请到他们家里的时候，他们也可能会表现的冷淡一些，但是他们并不是不欢迎你，只是在想如何去欢迎你。

9．在与理智者谈话时，如果你们的谈话并不能吸引他们的兴趣，那么他们就会冷淡你。

10. 许多理智者都很喜欢收藏，因为他们认为收藏不但可以陶冶情操，而且还可以提升自身的价值。

理智者的职场攻略

职场关系

理智者对领导者没有太强的掌控欲，有时候甚至会躲避领导者，因为他们注重个人私密，不喜欢与人接触，不喜欢处理人际关系，更讨厌把自己的时间和精力花在处理他人的问题上。

一般来说，理智者的职场关系主要有以下一些特征。

☆理智者人多会躲避领导者，因为他们喜欢尽量少的控制和监督，尤其不喜欢一个总爱突然出现的领导者，或者一个喜欢掌控一切的领导者。

☆理智者不希望自己变成掌控他人的领导者，因为他们不关注他人的需求，也不愿让他人使用自己有限的精力。

☆在理智者看来，职位和薪水就是领导者诱惑员工付出时间和精力的工具，而为了保护自己的个人空间，他们宁愿不要这样的奖励和认可。

☆理智者不喜欢与人接触，认为这是对彼此私密的一种干扰，除非他们能够提前知道要讨论的话题是什么。

☆做事情前，理智者喜欢做准备工作，这能够让他们提前知道别人对他们的期望，他们也会变得友好和外向。

☆如果理智者能够自由安排时间，自由选择与他人接触的方式，他们也会愿意在受人管理的体系中努力工作。

☆对于面对面的接触，理智者没有有效的防卫措施，因此他们不得不选择最易实施的防卫措施——远离他人，远离权威。

适合的环境

理智者因为其独特的性格特点，使得他们能在一些环境中很好地适应。

理智者追求知识，他们对于物理世界中的现象比较感兴趣，更愿意花大量的时间来独自分析和研究外部世界的事物和现象，因此他们往往能成为某一领域的专家、学者；而且，他们研究的领域往往是晦涩难懂，但却又非常重要。比如，他们会成为为社会提供心理服务的心理学家、九型人格大师等。

他们擅长从事那些需要大量知识的工作，因为他们往往学富五车，会是那些古老语言的活字典。

他们也可以成为那些喜欢在夜间工作的电脑程序员，或者是那些在股票交易所幕后控制股票市场的人。

不适合的环境

理智者因为其独特的性格特点，在一些环境中很难适应。

理智者追求自由，因此他们不适合有太多权威的监管和控制的工作环境。

理智者喜欢在人际关系中营造距离感，因此他们不喜欢需要公开竞争或者直接接触的工作，比如营销人员、公共政策讨论者、要时刻面带微笑的政党候选人等，都不适合理智者。

理智性格的领导者喜欢系统化

理智性格的领导者具有较强的系统化思维能力，他们喜欢将身边人、事分门别类，并根据类别分而治之，以保持自己清晰、客观冷静的态度。他们在讨论和分析工作的时候，惯用图表的方式来系统地表达思路或想法，也会同样要求下属在提交文件或汇报工作的时候多多利用图表表示。总之，对"简洁、清晰"的追求，让他们认为"一幅图胜似万语千言"。

人们在面对理智性格的领导者时，要学会客观、冷静地以文字化并结合图表的分析方法来表达工作意图。把精力更多地放在如何更好地收集资料上，着重突出自己的系统化思路，同时不仅要提出问题，更要提出深刻而有效的解决方案，并按时按量地完成自己的工作任务，这样才能确保自己得到理智性格领导者的赏识。

尊重理智性格的员工的独立性

理智性格的员工具有极强的独立思考的能力，他们习惯按照职责以及职位层级的本分开展工作，不会出现越级工作的情况。对于原本就已经承担或正在开展的事情，他们绝对负责到底，但他们极少主动要求承担新的任务。

他们将工作和生活分得很清楚，这主要体现在他们在办公环境中处理人际关系方面。比如，他们对于朋友和同事的划分界限简洁、清晰，工作时认识的人一律称为同事，绝不会和同事交流工作以外的任何事情，更不会谈论工作环境中的人际关系话题，因此不会陷入复杂的办公室政治中。

针对理智性格的员工的独立性，领导者要充分尊重他们，需要为其明确工作方向，订立具体的工作目标，并且放手让他们去开展，因为他们独立思考和分析的习惯，以及任劳任怨的工作风格一定会确保工作目标达成，且不会出现工作误差。如果你对这类员工进行过多的工作指导，很容易使他们感到个人隐私被侵犯，从而无法安心工作。

做好充足的准备赢得理智性格的客户

理智性格的客户在做任何事情之前，都会花大量的时间和精力去做准备工作，他们搜集一切有关的信息，并对其进行逐一分析，甚至会对可能发生的种种情况在心中预演一遍，以使自己能够较好地掌控整个事件发展的过程。在产生购买行为之前，理智性格的客户就会运用极强的分析能力对此次购买行为进行预测，只有当他们确定值得购买时，他们才会付诸行动。

对于重视准备工作、不打无准备之仗的理智性格的客户来说，如果一个营销人员能够对他们所关心和感兴趣的事物表现出共鸣，无疑会缩短彼此的距离，无形中培养出理智性格的客户对你的信任。此外，营销人员在专业知识精通的基础上，还要涉猎多方面知识，不求精，但求广，以便及时对理智性格的客户感兴趣的话题做出回应。总之，只要你能做比理智性格的客户更全面、详细的准备工作，就容易激发他们的购买欲。

恋爱中的理智者

理智者的恋爱关系

在理智者的恋爱关系中，他们能够从许多抽象层面的联系来欣赏他人，但这也会使得理智者在恋爱关系中更趋被动，容易丧失对爱情的控制权。

一般来说，理智者的恋爱关系主要有以下一些特征。

☆理智者害怕感觉，他们总是竭力避免将自己的注意力集中到情感上，努力克制情感，因此亲密感会给他们带来紧张的情绪。

☆理智者喜欢独处，他们与别人的亲密感觉是发生在幽静的心灵密室里，唯有自己一清二楚。

☆理智者注重思考，往往能够看到语言在表达上的局限性，因此他们很少用言语表达感情和爱意，喜欢通过身体的接触来体会情爱，以激起他们内在的感觉。

☆理智者的感情反应迟缓，他们很少有什么激烈的表情和动作，别人会因此觉得他们高深莫测，俨如一个世外高人一样。然而当他们独自一人时，种种感觉就会徐徐浮现出来，这时他们会很了解自己的喜怒哀乐，也知道自己喜欢什么、讨厌什么。

☆理智者与人越亲密，越容易发生脱离关系，或有与伴侣保持距离的念头。

☆理智者很容易对频繁的接触感到厌烦，他们会选择退出，来弄清楚自己到底是怎么想的，会花大量时间反复回顾或预演双方见面的场景。

☆理智者不轻易对伴侣做出承诺，然而一旦做出了承诺，这个承诺就经得起时间考验。

☆理智者不轻易恋爱，一旦他们爱上一个人，就容易对伴侣表现出强烈的占有欲，把对方当作自己情感生活的救生圈，从而常常让伴侣受到很大的情感压力。

☆理智者不擅长表达自己的情感，因此他们希望伴侣能够时刻关注自己的情感变化，并及时给予回应。

学会接纳自己的伴侣

理智者追求独立，即便是在恋爱关系中，他们也希望拥有自己的个人空间，能够与伴侣保持一定的距离。在理智者看来，爱情是爱情，友谊是友谊，工作是工作，他们在这些不同的场景里扮演不同的角色，有着不同的情感态度，因此他们绝不容许自己将这些情感混淆，否则容易导致他们个人私密信息外泄，威胁到他们的个人空间。也就是说，职场里的同事就只是同事，他们不会发展为亲密知己，业余兴趣活动的朋友就只是在活动中交流，不必让他们介入自己别的圈子中。同样，他们认为，伴侣只是自己爱情世界的存在人物，也不应当介入他们其他的圈子。

而且，因为理智者不擅长表达情感，他们也不愿意让自己处于一个会令自己角色分裂的位置，当他们将伴侣带入自己的朋友圈或者同事圈时，便不知道如何在众人面前同时扮演家人、朋友的角色，此时他们会为处境的非单纯化感到十分为难。理智者的这些行为常常引发他们和伴侣之间的隔阂感及矛盾。

要化解这种隔阂感引发的矛盾，不仅需要伴侣理解并尊重理智者的独立性，更需要理智者深刻理解爱情的意义，认识到情感交流对爱情、家庭、生活的深远影响，主动让伴侣融入自己的圈子，更全面地认识自己，更好地帮助自己发展，以便维系长久而和谐的亲密关系。

爱伴侣，就要敢于承诺

理智者畏惧恋爱关系，因为他们认为恋爱会扰乱自己一个人的生活、心理、思想，同时预告了私人空间被削减的烦恼将会来临。因此，这无疑是说，恋爱会导致一些东西失去，而这恰恰是理智者不愿意看到的结果。也就是说，理智者不会轻易做出爱情的承诺。

由此来看，畏惧恋爱关系的理智者，其恋爱关系往往是经过深思熟虑和仔细衡量的，他们会将对方放在天秤的一端，而另一端便是自我的个人世界。只有发现一位值得他们在某种程度上放弃自我依存的人，他们才会接受爱情和婚姻的探访。

然而，在爱情的世界里，承诺是维持幸福爱情的关键因素。因此，如果理智者遇见那个能理解自己的爱情伴侣，就不要再固守自己的独立性，而要勇敢地向对方靠近，勇敢地表达自己的情感，勇敢地许下爱的承诺，并用一生去实践这个诺言，这样才能拥有甜蜜而持久的爱情。

学着打造自己的美丽外表

理智者不太重视自己的外表，他们大多穿着随意，不修边幅，衣着样式普通简单，价格相当便宜。而且，他们一般习惯于长期穿着款式相同的衣服，很少更换样式，因为他们害怕那些陌生的款式会令自己出丑，因此他们总不敢在穿着上有所突破。然而，当他们被迫接受新的服装风格之后，他们又会喜欢上这种新的风格且固守这种风格。此外，当他们真正认识到衣着打扮的重要性后，他们往往会追求精致的服装风格，希望给人以既张扬又简约的印象。

人首先是视觉动物，然后才是感情动物。这在爱情的初级阶段中表现得尤为突出。当你出现在异性的面前时，首先引起对方注意的是你的穿着打扮。许多理智者就是因为不注重自己的外表，往往给异性留下一个邋遢的坏印象，也就难以获得异性的芳心。因此，对于那些渴望爱情的理智者来说，需要投入适当的注意力在自己的形象上，努力塑造一个美丽的外表，这往往能帮助他们吸引到心爱的人的注意，从而赢得对方的芳心。

给理智者的建议

你很善于观察，也习惯了随时用犀利的目光去审视你身边的世界，所以这很容易让你长时间地沉沦在思考中而产生紧张，当然这对身体和精神都很不利。努力让自己放松一些，做一些其他的事情来分散高度集中的注意力，比如有氧运动或者听音乐都是不错的选择。

不可否认，你的逻辑思维和分析能力的确有过人之处，但过分相信自己的判断能力会让你听不进去别人的意见，或许他人的观察也很细致，想法也很独特，但是可能很难被你接受。

也正是这样，你很难建立起对别人的信任，而信任是人际交往中最基本的一环，对别人不信任就意味着很难建立起良好的感情关系，这会让你失去应有的人际圈。人不能活在一个人的世界里，你再喜欢冷眼看世界，也需要和他人分享你观察的心得，所以不要将你的友谊拒之门外。

即使感到自己无法在许多人中游刃有余，也可以尝试找一两个可以推心置腹的朋友，少拿出独居一人的姿态，多关注和朋友的交往。

能看穿一切的你，可能会因此轻视那些你认为不够聪明的人，觉得他们的想法太过愚笨根本不值一提，甚至你的内心还可能嘲讽对方的愚昧，进而增强了自己的满足感，但是请你明白一点：别人可能只是在这一方面不如你而已，在其他方面你可能远不如别人，现在你轻视别人，可能在别的方面也会被人轻视。

把你过人的洞察能力用在体谅别人的立场上可能会更好，给别人一定的关心和同情，展现出你通情达理的一面，而不要总是把棱角分明的一面呈现给众人，要知道让他人快乐就是让自己快乐，因为这种情绪是可以传染和回馈的。

8

赤诚相待的忠诚者

案例分享

莎莎的上司是公司里的老员工了,他在公司里可以算是第一代贡献者,做事的时候沉着冷静,老板将事情交给他非常放心,他总能将事情做的完美。但是,老板虽然信任他,却对他的下属产生怀疑,因为你无法猜透他们的想法。

忠诚者的新名字：忧国忧民的大忠臣

用大忠臣来形容他们再恰当不过了，因为他们总是忠诚地对待身边的人，但也有一个缺点那就是怀疑。他们虽然十分忠诚，做事时也总是小心谨慎，但永远处于不断地怀疑之中。他们想象力丰富，每次做事时总能想到最糟糕的事情。他们极度缺乏安全感，所以容易对人和事物的客观形势产生怀疑。做事的时候总希望别人能够条理清晰，但他们自己却往往不够清晰。

他们尊崇权威，遵循教条，所以在大多数人的眼中，他们又像是一个老古董，无法接受新的事物。在他们的口中往往会出现许多大师说过的话，就像是以前的传统，从不曾忘记，并一直遵循着。虽然他们比较古板，但是性格却是单纯善良的。他们不喜欢自己做决定，当他人给其发布命令的时候总能做得很好，而当自己做决定的时候，也总是希望征询别人的意见。

他人眼中的忠诚者

之所以我们这样评价忠诚者，是因为他们总是忠心耿耿，不怕得罪谁，也不会看他人的脸色，他们总能诉说真实的话语来告诉领导，哪怕这些话语会为自己带来灾害，甚至受到惩罚也在所不惜。

他们对待朋友非常忠诚，每当有朋友来支援的时候，他们极其信赖朋友，虽然疑心很重，但是在这种情况下，他们会放下自己的疑心，很容易就和他人建立友好的关系，他们永远会对对方忠诚及恪守诺言。

忠诚者有一个最大的特点就是迟疑，他们在生活与工作中犹豫不决，总能将事情的各种方法想好，但在执行时又会犹豫不决，他们没有胆量，没有安全感，没有决断力，不敢去冒险，所以很容易妥协。即使在一个项目中有很大的把握，可是他们依旧不敢去冒险。尤其在逆境中更是过度谨慎，因此他们会显得格外懦弱，做任何事情的时候都会显得畏首畏尾，不敢向前。

忠诚者眼中的自己

我感觉自己天生就像是被焦虑和不安全感所笼罩着一样，所以我显得很懦弱。在我童年的时候，非常希望得到父母的重视，害怕受到父母的冷落，得不到父母的支持。于是我便学会观察父母的态度，也正是因为这样，我才变得犹豫不决。童年的无助感，总会给人产生焦虑。

我做事情的时候都会尽全力，所以总是一副勤奋而且埋头苦干的样子，也许你会反问我为什么？其实，我觉得这是一种责任，只有这样我才能将事情做得更好。但是，如果有人在我工作的时候，强行命令我，指挥我去做任何事情的时候，我会感到非常厌烦，如果他们依旧强行对我呼来唤去，我则会对他们不予理睬，甚至还会生气。因为，我觉得这种行为是对我能力的羞辱，是在贬低我，并不是为了工作好，虽然我知道他们并没有这个意思，可是我依旧很生气。

"我才没有生气,生气的人是你才对"、"都是他害我成这样的,所以我才会出错"、"你到底想怎样,我总是摸不着头脑"……这些是我们最常有的思想语言。我很难做到原谅别人,或是忘记过去曾发生的种种事情。我会将过去一件件倒霉的事情,全部存入我的记忆库里,然后一辈子抱着伤痛不放。我觉得自己十分倒霉,在生命中扮演的角色大多是受害者,但别人可能并不会这样看待我,他们认为我心胸狭窄而且好斗,而我却觉得自己之所以好斗,全是因为有人激怒了我。我认为自己并不爱生气,也不是一个爱计较的人,是别人的伤害点燃了我的怒火。

我非常愿意努力勤奋地埋头苦干,因为我觉得这么做才能出类拔萃。但如果有人催促我或命令我,甚至指挥我,我会有种被人利用的感觉。这时我除了会采取不合作的政策外,愤怒也会涌上心头,因为我不能忍受那种耻辱感,总觉得别人这样做是为了贬低我,而不是为了将工作做好。我非常渴望公平和被人肯定,所以我总是提心吊胆,担心别人利用我、占我便宜,也因此我显得易怒、斤斤计较,但其实我只是要求起码的平等对待,期望我所得到的与我所付出的是对等的。一次讨价还价的成功哪怕只是精神上的,都会带给我一种胜利的喜悦,而别人却认为我十分小气、爱占小便宜。事实上,在内心深处,我对所爱的人是愿意付出一切的,只是在生活细节上,我还是难改要求公平、斤斤计较的态度。

与配偶的相处和理财方式向来都是我生活的主题,我会要求对自己有利的金钱支配与管理方式,不过这种方式往往是守多过攻。为了寻到心理上的安全感,即使我的做法对婚姻关系不利,自己也浑然不知。不愿意花钱的习惯是因为我内心常有种危机感和被剥夺感,所以对金钱所采取的谨慎态度,如果放大的话,有可能是一种仇恨世界的做法,因为我觉得世界对我是不公平的，所以所有的利益一定要自己去争取才有机会得到。这也让我变成一个非常地道的唯物主义者。

独处会使我感到安全、不被打扰和不被人利用，但同时也使我感觉孤独。无论外界的风景多么美丽，由于我内心常常处于警惕中，所以很难察觉到外界的美丽，动不动就跌入自己设置的恐怖梦魇当中。而每次闹情绪的结果，只是一次又一次地感到生命的不公平。为什么要不断地提醒自己那些所谓的不公平？甚至事情都还没有发生，我便在自己脑海中演练着最可怕的情形？为什么我不能让内心恐惧、愤怒的声音小一点？而我的多疑与愤怒往往连我最亲近的人也难以完全理解，因为他们也有可能被我列为目标之一。我常常要求别人表明立场，只要我有怒气，我总是对最亲近的人施加压力，要他也一起来对抗我的敌人。愤怒会侵蚀我的思想和灵魂，因此我给自己带来的伤害往往比我想象的敌人多得多。因为爱发怒，所以我付出的代价极其昂贵，它不仅带给我身体和精神上的病痛，也会减少我获得爱和宁静的可能性，而且还会威胁到我的每一个新关系，因为每一种关系都会成为我泄愤的目标。

其实"投射"正是忠诚型类型者最强的防卫机制。当过分地敏感或提心吊胆时，那严重的多疑就会侵蚀我的内心，表面上的解释已很难让我信服，并会花很多精力去寻找压根就不存在的东西。而当找不到的时候，我就会感到很不自在，因为这样似乎侮辱了我的智慧，而且让我有极大的不安全感。即使别人很喜欢我，并表现得热情友好且积极，我也常会满心狐疑。我总是不停地提醒自己："不要忘记，这有可能是一个陷阱，会害你掉以轻心。切记一失足成千古恨。"

我不喜欢那些不正经的人，因为他们让我感到没有安全感，不值得我对他们上心。所以，当我在办公室看到那些嬉戏的人，总觉得他们做事情的时候会不靠谱，尤其看到那些言不及义的人，我会十分气愤。我不会轻易地相信他人，更不会轻易地与他人建立密切的关系，在我的内心深处，希望得到他人的赞美，因为这样代表他人欣赏我。我是敏感的，所以我像一个士兵面对陌生人一样，处处提防着，以提高自己的警惕性。有时候我认为这种警惕让我免受一些伤害，但是大多时候我觉得很累，这种高度孤立的状态让我觉得疲惫。所以，有时候我渐渐学会了以旁观者的角度来看待问题，并用抽离的态度来判断事物，因为我觉得这是一种很舒服的感觉。

我常常在想自己到底害怕什么，虽然我不知道，却总想找出真正原因。我想如果这一切都是因为我的童年经历所致，那么我要怎么改变才能解救自己呢？我应该学会面对愤怒与怀疑，只有当我放下怀疑与愤怒的时候，生命才会掀开崭新的一页。

忠诚者的身体语言

如果在生活中你和忠诚者有过交往，只要你细心观察他们的行为，你便会读懂忠诚者的身体语言。

1. 忠诚者有时会肌肉绷紧、双肩向前弯，给人一种充实感，感觉他们有充足的体力去面对生活中的困难。

2. 忠诚者并不在意自己的着装，他们也不像理智者一样，他们的着装以便于打理为原则，给人以简单朴实大方的感觉。

3. 忠诚者有着慌张、避免眼神接触的面部表情，有时候会瞪起眼睛盯着别人。

4. 忠诚者感到紧张时，会出现吞咽口水等不雅的动作。

5. 忠诚者的眼神总是焦虑的、不安的，颧骨部位的肌肉总是紧张的，即便他们在笑的时候，眼神的焦虑和颧骨部位肌肉的紧张感也不退场。

6. 忠诚者在面对新环境的时候，总是敏感的，他们会用眼睛观察周围环境的变化，此时他们的眼睛像是扫描仪一样，扫描着周围环境中的人和物。

7. 忠诚者总是时刻保持警惕的样子，所以他们在说话的时候也是一边说一边保持着警惕。

8. 忠诚者行走、站立以及坐卧时，都会表现得局促不安，与人共处同一环境时，一定会与对方保持一个安全的距离，特别是他们在陌生环境或内心不确定是否安全的时候，常给人一种冷冷观察的感觉。

9. 当忠诚者发现自己的立场与他人不同时候，会显得很虚心，此时他们的动作也会显得更加不安。

忠诚者的闪光点和不足

忠诚者是值得信赖的人，他们勤奋、内向、保守，不怕辛劳，对待每件事物都极其认真，内心希望得到别人的肯定和欣赏。他们经常犹豫不决，对事情通常想得太认真。有时候相信权威，有时候又质疑权威。他们装上盔甲将自己保护起来，对人提防，害怕被人利用，所以常与人保持一定的距离。这就是忠诚者，他们与众不同，但也有自己的闪光点。

1. 有高度的警觉。忠诚者是极度缺乏安全感的，因此他们拥有高度的警觉性，会仔细观察周边的人，提防他人的花言巧语和阿谀奉承。因为他们害怕被人利用，所以，总是警惕着外在的一切。

2．做事谨慎。这是他们缺乏安全感的第二个表现。他们做事的时候总是十分地谨慎，会将已经做过的事情再次进行确认，或者对正在做的事情进行反复观察。他们面对事情的时候总是担心会出现状况，所以他们不惜耗费精力去进行反复检验，许多时候都保持着做"做最坏的打算，做最好的准备"这一态度。

3．较强的危机意识。忠诚者面对所有事情时都会做好最坏的打算，他们认为生活中随时都会出现危险，所以总是时刻保持着危机的意识。虽然这样，他们需要耗费大量的精力集中在负面事情上，可是当危险来临之际，他们总能比其他人更好而且更加冷静地去处理问题。

4．有责任感。忠诚者喜欢稳定的生活，他们认为责任感是保证生活稳定的关键因素，因此他们习惯在社会行为中遵守相关规则和义务，并且能够为了事业、家庭和理想做出极大的牺牲。

5．较高的忠诚度。极具责任感的忠诚者往往是个忠诚、值得信赖的人。面对任何挑战时，他们都能够毫不犹豫地去护卫彼此的关系和友谊。他们对盟友忠心耿耿，总是不遗余力地保护自己人。但前提是这个团队或权威或足够强大，这是受到忠诚者肯定的。

6．注重团队精神。忠诚者内心渴望亲密关系却又缺乏安全感。他们往往认为在一个团队中最易获得安全感，因此他们注重"团结至上、安全第一"的团队精神。同时，他们要求团队分工清晰、权责分明、赏罚有则，尽量避免人治的情况发生。

7．严守时间。虽然忠诚者会因为对安全感的犹豫而导致行动拖延，但大多数还是习惯于严守时间。他们认为，严守时间是获得安全感的重要方式。因此他们重视截止日期并严格遵守，以免因为自己浪费时间而遭受惩罚，更害怕会因此造成不良后果，让自己陷入危险的境地。

8. 看淡成功。忠诚者习惯怀疑权威，因此他们不希望自己成为权威，在他们看来，那是一个备受怀疑的不安全的位置。也就是说，他们能够为了自己的理想而付出全力，不求回报地孜孜努力，从不在乎这样是否会获得成功和荣誉。

忠诚者在面对问题的时候总能将事情完美解决，但是在他们眼中的世界是危险的，所以他们总是多疑，并将自己保护起来，也正是由于这样，我们才能发现他们身上那些局限之处。

1. 多疑。其实，多疑并没有过错，但是忠诚者那种时刻都感到不安全，处处都保持着怀疑的态度，也使得他们变得不信任任何人，甚至是自己。怀疑他人的行为，甚至怀疑自己的决定。他们不知道该相信谁，容易被多种方案迷惑，从而使他们做事的时候，总是很犹豫不决。

2. 拖延行动。忠诚者认真去做好每一个细节，所以他们常常会为了一些琐事而让自己晕头转向，也正是这样才让他们面对事情的时候总是不断犹豫，最后使工作一拖再拖，甚至有些计划在他们的拖延行为中半途而废。

3. 习惯负面想象。忠诚者有着丰富的想象力，但他们内心强烈的不安全感常常将他们的想象指向最坏的方面，使得他们总想着最糟糕的结果。他们会自觉地寻找环境中对他们有威胁的线索，而把那种对最好情况的想象视作一种天真的幻想，使得他们常常给人以悲观、偏激和神经质的印象。

4. 怀疑成功。忠诚者忠诚、勤奋、可靠，并且有着为理想献身的勇气和奋斗精神，这些都是成功的重要条件，但是忠诚者却很难成为一个成功者。这主要是因为他们内心对成功的怀疑心理，认为成功将使他们成为众矢之的，成为他人利用、陷害和排挤的对象，这将破坏他们的安全感，因此他们习惯躲避成功，往往在接近事业巅峰时更换工作，或是在即将大功告成时不去化解能够化解的危机，从而错失良机。

5．过于保守。忠诚者多是循规蹈矩的人，他们习惯按照规矩及传统做该做的事，有怕犯错的心理。所以他们总是畏缩不敢行动，喜欢做成功率高的事，比如那些在别人眼中枯燥、例行公事的事。

6．缺乏自信。忠诚者是多疑的，也正是这种多疑导致他们连自己都不相信，从而失去了自信。但是，当一位权威来到忠诚者面前时，他们的多疑就会消失，因为他们相信权威能给他们带来安全感，认为权威的判断是正确的，所以，这个时候的忠诚者很容易被他人操控或利用。

7．过于悲观。忠诚者常常将一切灾难化，他们对周围所碰到的一切事物，总喜欢往负面的、悲观的、严重的方面去幻想或揣测，因此他们时常处于非常不安、焦虑的状况，这会阻碍他们的创造力，减损他们的进取心。

九个层级的忠诚者

第一层级：自我肯定的勇者

第一层级的忠诚者是一位勇者，与其他的忠诚者不同之处在于，他们能够相信自己，信任自己。而且通过自己忠诚的形象获得他人的尊重与信任。

他们懂得自我肯定，这种肯定来自自己的内在价值与能力，他们不需要看待他人的眼光，也不需要听从他人的意愿，他们会拥有一种信念，这种信念不是一种信仰，而是一种深刻的内心感受、一种生活经验。

从心理的角度来说，自我肯定是内在的，是一个与内心力量以及自我认识保持联系的过程。一旦这个联系建立起来，忠诚者就能拥有一种心灵的澄澈，能确切地知道自己在什么时间需要做什么。这使得他们从自身体验到一种坚韧与刚毅，帮助他们完成生活中需要完成的一切。

他们相信自己，同时也相信他人，并给予他人信心和勇气，因为他们的思维是正面的，且自信来自于内心。所以他们的行为举止传达出一种沉着、果敢、不懈努力的意志力，他们的内心有一种不屈不挠的勇气。这时的忠诚者总是敢于面对巨大危险，能够为他人的利益奋斗，或对非正义的行为仗义执言。而且，他们在面对挑战的时候也很灵活，能和他人通力合作，能很自如地独自解决难题。

因为他们相信别人，追求人人平等的交际原则，既没有人在这一关系中居于支配地位，也没有人低人一等。这使得他们达到了一种动态的相互依靠，一种真正的相互依存的关系。也就是说，他们支持他人，而自己也受他人支持；关爱他人，而自己也被关爱；既能独自工作，也能和他人合作。

他们相信自己，因此可以自由地表达出内心最深处的情感。不再对情境或自己的情感做出内省式的反应，因而不论是在私下还是在工作中，都能够有力地表达自己的感受。如果有天分并得到培养，他们会成为出色的艺术家或杰出的领袖者，因为他们能够维护自己、滋养自己的心灵。即便是感到焦虑，他们也不会盲目地恐惧，而是懂得去驾驭它、化解它。

第二层级：富有魅力的人

第二层级的忠诚者拥有强大的人格魅力，能在无意间吸引他人的目光，也许是一个动作，也许是一颦一笑，也许……他们有一种能让他人回应的能力，这使得他们成为一个富有魅力的人。

他们的内心并不如第一层级的人那么自信，他们怕被抛弃、被孤立的感觉，内心开始变得脆弱，时常希望得到他人的支持，因为这样可以让他们脆弱的内心强大起来，而且与他人的人际关系也会变得融洽。他们寻找盟友及支持者，希望让自己的内心有安全感。

他们在情绪上有着较强的感染他人的能力，对他人有一种真正的好奇心，因为他们想要发现对双方都有利的联系。比如在人际交往前，他们会在心里默默地问自己："我们可以做朋友吗？我们可以一起共事吗？"当他们给予这个问题正面回答时，就能表现出一种热忱的、令人愉快的特质，可以刺激双方的关系，使他人觉得友善和真心，于是就做出了正面的回应。总之，这时的忠诚者具有一种天生的亲切感，易于亲近。

对于他人来说，他们是自信、值得信赖的人，总是让人有一种坚定和息息相通的感受。因此，他们习惯把兑现承诺以及及时、持之以恒地帮助他人视为自己的责任。他们身上有一种坚定的、顽强的特质，能给予他人坚定不移的支持。

他们具有敏锐的洞察力，能够在潜在的威胁和问题变得不可收拾之前察觉到它们的存在。这是因为他们对安全感的渴望，使他们对可能的危害和威胁产生一种敏感，从而发展成为一种敏锐的警觉性，一眼就能看出环境中可能存在的问题，并立即采取措施确保周围每个人的安全。也就是说，有忠诚者在身边时，人们会感到更安全。

第三层级：忠实的伙伴

第三层级的忠诚者是一个忠诚的伙伴，他们会全身心地投入到友谊之中，十分忠诚，会极力维护这段友谊。

此时的忠诚者需要寻求一个人或者其他事物来满足自己内心的安全感，

他们不再自信。所以，当他们一旦寻找到一个可以给自己安全感的人之后，他们便会全身心地投入其中，虽然刚开始自己可能会遭到他人的拒绝，但是他们的忠诚和彻底投入会赢得他人的好感。

他们有着强烈的责任心，习惯把纪律引入整个工作中，并坚持执行，同时也会一丝不苟地关注细节和工艺。他们极其有效地保持组织的运转，不论是大企业还是小本生意，抑或是家庭预算。他们节俭、勤奋、工作卖力，总想为企业发挥自己的价值。在这个方面，他们力求确保自己在世界上有一个位置，确保自己的工作可以带来相对的安全。总之，他们对自己的工作引以为傲，对自己为投身其中的项目所做出的贡献感到十分光荣。

他们推崇人人平等的团队精神，注重公平，因此他们可以帮助自己创立的或加入的企业形成一种平等的精神和强烈的公共福利意识。他们尊重他人，能创造出合作的氛围，人人都觉得他们是合伙人或同事，而不是高高在上的领袖者。他们明白自己的安全主要取决于其所在的共同体和工作单位的福利，因此他们注重合作，以维持建制和结构的稳定，使共同体更加稳固和健康。而且，他们常常涉足地方政治事务，参加地方委员会，帮助改善城镇或公寓的居住环境，施展自己的诸多正面价值。同时，一旦发现不公平、不公正的现象，他们会反对、提出质疑，并尽全力去解决它。总之，在一个团队中，忠诚者往往是正直和诚实的真正代表。

同时，他们也渴望忠诚的伙伴，想要拥有能让自己依赖的人，想要自己能被人无条件地接受，并且有一个可以安身立命的地方。和家庭与朋友建立紧密的关系能使他们觉得自己并不孤独，委身于他人能够减轻自己被抛弃的恐惧，能激发他们更好地发挥正面价值。

第四层级：忠诚的人

第四层级的忠诚者常常都是一个尽职尽责的人，他们那忠实的性格已经深入到内心，往往会选择承担更多的责任，非常重视自己的每一段稳定的关系，他们会极力去维护每一段关系。

他们不再敢于自我肯定，而是变得越来越没有安全感，尤其是当他们把自己奉献给某个人或者群体时，他们就开始担心做任何事都会危害到人际关系的稳定。他们害怕"添乱"，害怕在某个方向做得太过，因为那样会危及自己的安全。他们觉得为了维持一种看似稳固、安定的生活方式，自己已经很努力了，他们担心周围的一切会出问题，因此想要进一步加固自己的"社会安全"体系，从而更努力地工作，以获得同行和权威的接纳与认可。他们感到压力巨大，迫使自己承担更多的义务，坚持认为自己能够克服困难，以做出更大的奉献。为了消减内心的焦虑感，他们想要"面面俱到"，所有的角度都要考虑到、照顾到，随时为未来可能出现的问题做好准备，所以忠诚者热衷于履行自己的义务与责任。

他们相信权威胜过相信自己，因为他们在健康状态的自我肯定意识在逐渐消失，这促使他们更多地依附和认同特定的思想体系和信仰体系，以给自己提供答案和让自己更有信心。这时的忠诚者往往无法自己做出决定，而是越来越多地到文献、权威文本或规则与规定中去寻找先例和答案。即便在看过指导原则和规定之后，他们还是会私下猜疑，不知道自己有没有正确领会。总之，他们把一切托付给朋友和权威，以确保自己的阐释"没有差错"。但要注意的是，这并不是说这个阶段的忠诚者已经丧失了自己做决定的能力，而是说他们在做出重大决定的时候会面对更多的内在冲突和自我怀疑，使得他们难以果断地做出决定，常常拖延行动。这也使得他们常常变成一个传统主义者。

第五层级：矛盾的悲观主义者

第五层级的忠诚者的内心有很深的不安全感，对周围的事物感到害怕，害怕失去来自盟友的支持，但是他们的内心依旧保持着自己所忠实的那份责任和义务。矛盾的内心一直在困扰着他们，让他们在生活中一直处于紧张和压力之下。

他们认同的权威很多，但由于自身能力有限，使他们逐渐认识到自己不可能同等满足其所效忠的所有人。显然，就他们的需要而言，有些人和情况要比其他的人和情况更为关键，但是，当被迫决定谁应当"让路"的时候，难以决断就会令他们甚为痛苦。因此，他们想要弄清楚谁是真正站在自己这一边，谁是真正可靠的支持者。他们容易陷入焦虑的情绪中，为自己而焦虑，为他人而焦虑，有时也会对他人做出防御性的反应，有时会抱怨，有时则是两种方式并存。这容易导致忠诚者对自己的思想、情感和行为表现出激烈的反应，使他们变得越来越警惕多疑。

这种两难选择让他们感到痛苦，因此他们常常选择逃避，不做决定，这时的他们很难为自己做什么事，也很难自己做决定或是领导他人——即使有人请求他们这么做。他们总是在绕圈子，无法下定决心，对自己以及自己真正想要什么都无法确定，完全处于惊慌失措、毫无主见的状态。如果必须有所行动，他们会显得极端谨慎，做决定时也很胆怯，并援引各种规则与先例来指引并保护自己。因此当必须完成某件事的时候，他们总是拖到最后一刻才开始行动，而这时就得在高度压力下工作以完成职责。

为了逃避责任，他们往往会拒绝接纳任何观念和知识。他们对新的观点或观念持怀疑态度，觉得自己已经尽了最大努力去理解已知的观点和方法。因而他们开始害怕改变并抵制改变，认为改变是对自身安全的潜在威胁，因为那需要在本已拥挤的心中再添加更多东西。他们的思维和观点因此变得更狭隘、更偏安一隅。他们日渐失去了清晰的推理能力，诉诸站不住脚的论断和肤浅的论证，这常常使得他们的内心越加混乱。

因为不断地怀疑别人，以及推卸责任的需要，他们变得十分难相处。他们看似友善，其实自我防卫相当强，右手迎接对方，左手却推开他。他们的犹豫不定使旁人只好什么事都冲在前面，而他们只是不断地做出出乎意料的反应，一会儿赞同别人的做法，一会儿又拒绝接受已经决定的事。总之，没有人能从他们那里得到直接的答复，"是"或"不是"全都语义混淆。而且，一旦交际过程中发生了差错，他们会理直气壮地发出怨言，以表示这个差劲的决定不是自己的责任，甚至会间接攻击他人。

第六层级：独裁的反叛者

第六层级的忠诚者靠内心的恐惧支配自己去做事情，而且每当他们越想努力去控制自己的恐惧感的时候，就越与自己内心的想法背道而驰。他们常常为了抵制自己内心恐惧的行为而做出一些粗暴的事情，所以往往会给他人留下具有攻击性的印象。

他们几乎丧失了自我肯定的意识，只能任由内心的不安全感及被抛弃的恐惧感日益延伸，而随着他们内心的权威逐渐失去联系，也寻找不到解决怀疑和焦虑的有效办法。在这种情况下，他们害怕自己的矛盾情感和犹豫不决会失去盟友和权威的支持，因此采取过度补偿的方式，变得过分热情和富于攻击性，以努力证明自己并不焦虑、没有犹豫不决和依赖。他们想要他人知道自己不能被"刺激"，不能被人占了上风。事实上，他们的恐惧和焦虑已经到了紧要关头，因而想要振作起来，想要通过粗野的暴力行为来控制自己的恐惧。为了向盟友和敌人证明自己的力量和价值，他们坚决地表现出自己攻击性的一面，以压抑其消极的一面。

这种反恐惧的粗暴方法常常使他们矫枉过正，对威胁到自己的东西怒不可遏，并大加责难。他们变得极具反叛性、极其好斗，用尽各种手段阻挠和妨碍他人，以证明自己不能受欺负。他们对自己满腹狐疑，绝望地固守着某一立场或位置，以让自己觉得自己很强大，驱散内心的自卑感。这容易使得忠诚者开始孤立他人、放弃他人的支持，变得更加难以相处，甚至成为独断专行、不公正、报复心强的暴君，越发干扰了他们良好人际关系的维系，也越发加剧了他们内心的焦虑感。

他们的敌对情绪日益浓厚，严格地将人划分为"支持我们"与"反对我们"的两个集团。每个人都被简单化为支持者或反对者、自己人或外人、朋友或敌人。他们的态度是"我的国家（我的权威、我的领导、我的信仰）不是对就是错"。如果信仰受到挑战，他们便会把这视为对自己生活方式的攻击，并给予强硬的回应。这时的他们总是十分惧怕陷入密谋中，所以总是密谋陷害他人，竭尽全力用公众舆论去对抗被他们视为敌人的人，甚至对抗群体内部的成员，只要这个成员在他们看来不完全站在自己一边就会受到威胁。可笑的是，这反而容易促使他们背离自己的信仰。由此可见，如果这个层级的忠诚者成为领袖，将是十分危险的人物，他们容易激起群体的恐惧和焦虑，导致许多不幸发生。

第七层级：极度依赖的人

第七层级的忠诚者是过度反应的依赖者，他们一改第六层级时嚣张跋扈的独裁者形象，变得胆怯、懦弱起来，因为他们发现在尝试攻击性行为后无法继续坚持。他们一切都依赖他人，一开始还会去尝试一下，可是到后来便放弃，完全去依赖他人。

在忠诚者看似顽固独裁的外表下面，其实是一个被吓破胆的、没有安全感的孩子。每当他们的行为太具攻击性，或是他们的挑衅与威胁行为太欠考虑时，就开始担忧这是否已经危害到自己的安全，破坏了自己和支持者、同盟者及权威的关系。进而，他们认识到自己的言行有可能给自己树起强敌，招致严厉的惩罚。至少他们有足够的理由能预料到自己会被所依赖的每个人抛弃。虽然他们未必真的与支持者发生了冲突，却仍有所担忧。结果，他们受困于强烈的焦虑不安中，想重新寻回信心，确保自己无论曾经做过什么事，都要与同盟者和权威的关系仍能一如既往。这时的他们常常一边以满脸的眼泪和谄媚去讨好他人，重新赢回他人的信任；一边又厌恶自己不够坚定、不够强硬、不够独立，没有好好保护自己。

他们有着强烈的自卑情绪，不断地自我责难，觉得自己很无能，不能胜任任何事情。随着焦虑感越来越强，他们变得极端地依赖同盟者或权威人物，如果原来的朋友和领袖者已经抛弃了他们，他们会重新寻找一个人来依靠。他们惧怕犯错误，以免仅存的权威因为反感而离开他们。而且，他们几乎不主动采取任何行动，以避免承担责任。这时的他们逐渐丧失了自己的独立性，更加病态地依赖他人，也更加难以相处。

他们对他人的好意会抱着猜疑的态度，别人的循循善诱、温柔或同情只会让他们觉得疏离和不习惯。因为他们没有办法相信真的会有人对他们好，总是以消极或攻击性的行为来回敬那些想帮助他们重新站起来的人。而且，他们还会对在过去带给他们痛苦的人特别痴迷。他们很迷恋"损友"——那些让他们变得更加依赖、激起他们的妄想或以别的方式引发其不安全感的人，比如暴徒、瘾君子、歇斯底里者、无赖等，都容易成为他们的朋友，而善良、正直的人们则被他们排斥在交际之外。由此来看，这时的忠诚者已经开始出现自暴自弃的迹象。

他们内心的焦虑感进一步加深到抑郁状态，常因为恐惧和紧张而大发雷霆。不过，他们也害怕表达自己的感受，这两种情形都是因为他们害怕朋友会离开自己——因为他们可能会完全失控。然而，压抑自己的焦虑只会使他们越来越无精打采、抑郁和丧失能力。日复一日，随着不安全感与依赖感日益严重，他们对未来的信心与期待日渐减弱，空耗了生命。抑郁的情感、愤怒和妄想日益增强。最终，抑郁症的折磨将严重损害他们的身体健康。

第八层级：被害妄想症患者

第八层级的忠诚者的内心是无比焦虑的，就像是一个妄想者总是不断地幻想，而这些妄想也让他们变得失去理性和疯狂。

因为自身有着强烈的焦虑感，他们往往会非理性地对现实产生错误的知觉，把每件事都视为危机，变得神经质起来，他们会潜意识地把自己的攻击性投射到他人身上，因此开始形成被迫害妄想症。这标志着他们退化方向的又一次"转向"，因为神经质的忠诚者不再认为自己的卑微感是最严重的问题，而是怀疑别人对自己有明显的敌意。也就是说，他们不再害怕自己，而是开始害怕别人，同时他们都将注意力放在了负面信息上。比如，如果领袖者对自己的态度稍微严厉一些，他们就会认为领袖者有意刁难自己，认为自己要被炒鱿鱼了，因此常常和领袖者对抗。

他们的情绪变得十分激动，有着极高的警惕心理，完全陷入了被害妄想症的世界，认为周围的人都想要迫害自己。一想到这些，他们就会勃然大怒、咬牙切齿，但因为焦虑感太过强烈，他们意识不到自己正是这种可怕情感的源头，而是反过来把这种情感源头投射到他人身上，甚至发展到任何一个接近他们的人，都被视为危险分子，给予强烈的攻击。但是，这种高度的警惕感不仅不能帮助他们增加安全感，反而使他们在被害妄想症的深渊中越陷越深。

但庆幸的是，发展到这个层级的忠诚者往往能得到足够的支持与帮助，这使得他们能够免于因恐惧的纠缠而做出不可挽回的破坏行为，但也只是将他们的暴力倾向向抑郁方向发展。

第九层级：自残的受虐狂

第九层级的忠诚者的内心认为自己所受到的惩罚是不可避免的，不如自己惩罚自己，这样会让自己的内心也好受一点，来抵消自己的负罪感。

他们一直都希望能获得一份长久而且不变的友谊，他们的行为也一直是趋向如此。可是，当他们发现自己的行为不仅没有获得友谊反而促使他人离自己越来越远的时候，内心就会发生极度的扭曲，认为自己所做的一切都是错误的，只有自我惩罚才能弥补对他人的伤害。现在，他们把仇恨与报复的欲望转向了自己。在他们看来，只要能让自己抵罪的行为自己都是可以实行的。

当然，如果你以为他们的这种自我惩罚的行为只是为了结束与权威人物的关系，那就错了，他们只是为了重建自己的领袖者形象。以这种屈辱和惩罚来缓解自己内心的负罪感，让自己好过一些，使其不致走上自杀之途。他们的自我惩罚也可以看作是自我拯救的象征。

但是，进入第九层级的忠诚者已经丧失了理性，往往无法掌控自己的行为，因此他们常常在自我惩罚的过程中做出极端的行为，导致严重的后果。比如，他们会甘愿自己沦为乞丐，也会甘愿酗酒和吸毒，更有甚者，他们会直接选择自杀来解脱自己。而让自己成为受虐狂的目的，不是因为能够在这种自我折磨中得到快感，而是因为他们希望自己的苦难可以吸引一些人站在自己这边来拯救自己，从而重建他们受人尊敬、值得信任的形象。当你发现一个宁肯被伴侣折磨得半死，也不肯离开伴侣的人时，一般都可以断定他是陷入第九层级的忠诚者。

想要成为忠诚者朋友的几种方法

忠诚者两个典型特征即谨慎、忠诚，这既是他们的优点，也是他们的缺点。在社会生活中，他们经常觉得自己的安全受到威胁，所以常常过于小心谨慎，容易猜疑，他们有时会把别人一些忠诚的言语当成敌对的话语。他们能够勇敢地面对现实，可是当面对困难的时候，却怀疑自己的能力。他们总是希望世界能充满正能量，但是，多疑的品质和总做着最坏的打算的念头，让他们的内心充满痛苦。他们总是过于相信负面的事情，只要一次负面的事情发生，就会将多年积累的对正面的肯定一笔勾销。

如果在你的生活中，遇到忠诚者时，你可以针对他们的不同表现做出如下应对，或主动以自己的行动去影响和感召他们，当你知道这几个方法之后，我相信他们会成为你的好朋友。

1. 忠诚者特别敏感，他们会很轻易地觉察到对方隐藏的动机和意义，所以，与他们谈话时不要耍心眼儿，不要兜圈子，内容要精确而实际。

2. 如果你对他们很了解，或者关系处得比较好，可以试探着帮助他们摆脱过度怀疑的威胁。其方法是：向他们讲明不一定每一件事都那么危险，在思考问题时多想一些好的方面。让他们反思，一件事为什么别人处理得很好，自己却没有处理好，是不是自己怀疑得过多，犹豫不决，导致拖延时间的缘故。

3．一般情况下他们是不承认自己有恐惧感的。所以，不要公开和背后批评他们的恐惧。非说不可时，也要讲究点语言策略。

4．虽然他们能说会道，但是却不那么幽默，要鼓励他们开怀大笑。

5．当他们与你讲解某些问题时，要注意听，听后再表示已明白，否则，他们不可能信任你。

6．他们注重沟通，在和他人相处的时候，虽然不会一味的表白自己，但是他们会用另一种情感的方式来表达自己想要表达的内容。

7．他们有一颗多疑的心，对所有的人都不信任。所以，如果他们不倾听你所述说的话时，你要改变话题。

8．和忠诚者相处的时候，只要你言行一致，他们一定会对你产生信任。

忠诚者的职场攻略

职场关系

忠诚者对领导者的态度是极其矛盾的。他们总是全神贯注于任何强加在他们身上的权威，对领导者怀疑的他们倾向，或去夸张领导者，或以违抗、服从或迎合等方式去回应，但他们并不希望成为领导者。

一般来说，忠诚者的职场关系主要有以下一些特征。

☆崇拜领导者，对于那些能够采取行动并从中受益的人，他们往往给予过高的估计，并渴望和这些人建立亲密关系。

☆面对自己的软弱，恐惧型的忠诚者向领导者寻求保护。

☆忠诚者对领导者所操纵的权力结构、运用手段谋取地位，以及企业里可能出现的种种不公平或武断专横的地方变得异常敏感。

☆忠诚者害怕成为他人滥用权力的受害者，因此他们试图去观察领导者的秘密意图，时刻注意对方有没有操控自己的计划。

☆忠诚者会产生一种异常准确的注意力，了解到"最糟糕的情况"，因此他们喜欢严密监视那些有权有势的人，也会关爱那些无助的弱势群体。

☆忠诚者认为，任何扮演权威角色的人，都是具有强大势力和独断专行的人，因此害怕领导者发怒，这会加剧忠诚者心中的负面想象。

☆当忠诚者认可一个人时，会把这个保护者的形象理想化，愿意紧随其后。

☆如果忠诚者认可的领导者不再给他们提供保护时，或者处事不公正、目标不正确时，他们就会转向反领导者的立场。

☆忠诚者可能会被那些具有高度危险性和竞争性的体育项目所吸引，因为在这些活动中，他们要被迫迅速做出反应，用行动取代思考。

☆忠诚者做事容易半途而废，尤其是当成功已经清晰可见时，他们常常因为找不到反对力量而无法集中精力，此时怀疑开始浮现，常常导致行动延缓。

☆忠诚者在面对一系列非常清楚的指示时，会工作得非常出色，因为他们被赋予的责任和义务将减少他们内心的疑虑。

适合的环境

忠诚者因为其独特的性格特点，也决定了其对一些环境能够很好地适应。

忠诚者喜欢做准备工作，他们希望在采取行动前对事情有透彻的了解，而且要预先做好计划，不喜欢工作环境中含糊或未知的因素，事事要求清晰，而且特别不喜欢轻易修改工作流程，更难以接受随意增加其他工作。因此，忠诚者往往喜欢在等级分明的环境里工作，这样他们就能够把权力、责任和问题弄得一清二楚，从而极大地增强忠诚者的安全感和操作能力。

他们重视忠诚、公平及坚持原则，因此他们适合在纪律严明的单位内任职，比如从事警务工作、法律等相关工作。

他们喜欢遵循社会规则和制度，致力于维护团队精神。比如，他们适合需要谨慎及有原则的办事准则的会计行业、讲求安全至上的建筑工程及医疗工作。此外，他们还适合从事单位规章制度的制定工作和管理工作。

他们具有强烈的怀疑精神，这使得他们具有较强的谈判能力，因此他们适合在采购行业发展，因为他们议价的本领非凡，能够为工作的机构争取最大的利益。

当他们认识到自己的恐惧心理后，往往敢于挑战自己，喜欢从事具有身体危险或者为被压迫者服务的工作。比如，他们可以是桥梁的维修员，也可以是出色的商场战略家，帮助企业扭亏为盈。

不适合的环境

忠诚者因为其独特的性格特点，在一些环境中很难适应。

忠诚者追求安全感，因此不适合在那些具有强大压力、需要在毫无准备的情况下，现场制定决策的工作。

他们也不喜欢那些需要和他人竞争，背后钩心斗角的工作。

忠诚性格的领导者用人第一准则：忠诚。

忠诚性格的领导者内心有着强烈的不安全感，这使得他们坚信这是个对抗外来势力的世界，因此他们非常重视忠诚及团队合作，忠诚性格的领导者想知道哪些员工与他们同一阵线，又有谁足以让他们依赖。忠诚性格的领导者对于忠诚的态度往往是：

"我从不期待忠诚，我要求忠诚！"

因为关注员工的忠诚度，忠诚性格的领导者总是疑心重重的样子，他们对办公室环境的细微变化非常敏感，特别对于个别人那些窃窃私语、欲言又止的行为都会加一分防范之心，并更加留意这些人的日常工作表现，甚至开始留意收集他们背叛自己或犯错的证据并时刻准备清理门户，以维护安稳的环境。总之，只要你有一丝的不忠，他们就会立即将你排除在其圈子之外，并给予相应的惩罚。

在面对忠诚性格的领导者时，人们一定要表现出高度的忠诚，认可他们的工作，服从他们的安排，总之，只要你用时间逐步证明自己是值得依赖的，忠诚性格的领导者就会成为你坚定不移的支持者。

帮助忠诚性格的员工化质疑为动力

对于忠诚者来说，怀疑是他们的天性。他们怀疑一切，而且他们很欣赏和满足于自己的怀疑态度和做法，他们感觉这种怀疑习惯可以增强自身的活力。在某种程度上，固然怀疑是必须的，也是健康的，能够帮助人们做出正确可靠的抉择。但如果过于怀疑一切，陷入猜疑之中，就可能会阻碍行动，久而久之，对忠诚者的自我形象和自信产生颇为严重的损害，也不利于他们事业的发展。

忠诚者喜欢用负面情绪去质疑世界，他们常常在工作中提出无数个"为什么"，也乐于去寻找答案。但寻找答案的过程是漫长的，这常常使得他们感到希望渺茫，因此而悲伤、忧郁。这时如果领导者能给予忠诚者充分的鼓励和支持，就能帮助他们重拾探索的信心，积极努力地工作，这就使得忠诚者的质疑变成他们前进的动力，为他们自己以及团队赢得更好的发展。

用"安全感"吸引忠诚性格的客户

忠诚性格的客户追求安全，因为他们内心有着强烈的恐惧感，时刻害怕自己被伤害、被抛弃，他们看到的世界充满威胁和危机，所有事物都难以预测，难以肯定。而为了保存生命，从充满危险的世界中得到那份安全感，他们常常会寻求外力的帮助，比如寻求权威人物的保护、加入某个团队等。总之，如果什么人或物能够让忠诚性格的客户感到安全，他们会竭尽全力地接近。

营销人员在面对忠诚性格的客户时，应更多地从产品的安全性能入手营销，着重突出产品可能带给忠诚性格客户的安全感。也就是说，营销人员要向忠诚性格的客户反复说明，购买产品可能带给他们的好处和保障的同时，也要告诉他们不购买此产品的坏处和危险，比如："如果你不买此产品，一旦发生灾难……"当你激发起忠诚者对安全感的渴望时，就容易激起他们的购买欲。但切忌对忠诚性格的客户夸大产品的保障功能，这往往会激怒他们。

恋爱中的忠诚者

忠诚者的恋爱关系

在忠诚者的恋爱关系中，他们很容易被打动，而且他们在困难时刻会表现得特别忠诚，能够把他人的利益放在首位。但他们喜欢把自己的感觉归结到伴侣身上，将自己的想法强加给伴侣，常常给伴侣造成巨大的压力。

一般来说，忠诚者的恋爱关系主要有以下一些特征。

☆忠诚者有着强烈的怀疑情绪，他们习惯质疑周围人的企图，怀疑他人好心的问候，并猜测其行为背后的真实想法。

☆忠诚者十分实际，相信行动胜于感觉，因此他们不看重浪漫的爱情，注重于彼此做了什么来表达爱意。

☆忠诚者总是不断地要伴侣肯定对自己的爱："你会一直爱我吗？"即便对方的回答是肯定的，他们也会怀疑其是否诚心。

☆忠诚者希望影响伴侣，而不希望被伴侣影响。如果忠诚者知道了自己会被伴侣伤害或伴侣可以控制他们的欲望时，他们就会选择断绝这段关系。

☆忠诚者会把自己的感受投影到他人身上，比如，他们可能认为你不够专一，实际上是他们自己在东张西望。

☆忠诚者敢于面对危险和挑战，当夫妻需要一致对外时，忠诚者会与对方患难与共，变成忠诚的伙伴。

☆忠诚者很难主动追求快乐，因为当他们开始相信快乐时，疑虑和恐惧也在随之增加。

别让猜疑毁了爱情

婚姻中，忠诚者本质中的怀疑和不安全感会导致他们经常需要确定伴侣对他们的爱是否属实。他们总是猜测伴侣行为背后的动机，有时甚至是臆想伴侣行为背后是否有什么暗示，这就导致他们太敏感，常常给人以疑神疑鬼的印象，从而引起伴侣的反感，甚至导致爱情和婚姻的破灭。

忠诚者要想化解自己的猜疑心，首先要和伴侣加深了解，因为了解是互相信任的基础。其次，忠诚者要把心胸放开阔一些，宽容大度，不要轻信传闻，庸人自扰。要知道，在社会中一个人除了和自己的恋人交往以外，还要工作、学习，并且要有自己的社交领地。在对方进行这些正常活动时，怎能无端怀疑、责怪呢？否则，就有"庸人"之嫌了。最后，忠诚者要对伴侣开诚布公，有话在当面说，有了嫌隙及时弥补。有些猜疑纯属误会所致，一旦把话说开，把事情弄明白，误会当可消释。否则，有话不说，闷在心里，隔阂就会越来越大。

忠诚，让爱更持久

爱情中，忠诚者是忠诚负责任的类型，如果人们的结婚对象是忠诚者，则少了许多被背叛的机会。在日常生活中，忠诚者是典型的传统型人物，信奉传统价值，性格相当组织化，常着眼于一些社会规范，要求自己符合这些标准，也以此来作为评价伴侣的标准之一。在爱情世界里，他们一旦认可自己的伴侣，或者一旦决定与对方步入婚姻阶段的时候，他们绝对会很忠诚，也一定会把自己的伴侣放在首要位置，尽全力满足伴侣的种种要求，并以此为乐。

然而，他们在选择忠诚的对象时却常常犹豫不决，难以做决定。也就是说，他们对伴侣的观察期特别长。他们总是唯恐选错终身伴侣而下不了决心结婚，这就容易让大好姻缘白白错过。

"她（他）会是一个好太太（先生）吗？虽然我们已在一起差不多十年了，但结婚毕竟是另一回事，婚后她（他）会变成一个我完全不认识的人吗？"有些忠诚者甚至到结婚的那一天还有临阵退缩的念头，或者在教堂行礼时预想何时会离婚。总之，悲观的他们总是在喜庆时刻"打定输数"，弄得自己无法安宁。

但是，一旦忠诚者选定爱情伴侣，他们就变得十分忠诚。但当他们发现原来伴侣一直与自己想法有异时,他们就会无法接受,还会有被出卖的感觉。为此,他们会歇斯底里地指责伴侣,要伴侣承担一切责任,就容易激发恋爱、婚姻关系中的矛盾。

过多的指责会让爱变质

在九型人格中,忠诚者是一个喜欢指责别人的群体,他们习惯将自己的感情及失败归咎他人。当婚姻产生矛盾时,他们往往表现出极大的担忧:"你似乎另有想法,何不说出来呢?你在隐藏什么?""你是不是想离开我?"而且,当他们内心越是担心,他们便越向外搜寻资源,并将谩骂指责投掷在他人身上。对于一段婚姻而言,彼此间的抱怨、指责可谓悲剧之源。

当忠诚者对伴侣感到不满时,他们通常会反复分析彼此之间的问题。但由于过度的思考会让他们越来越焦虑,他们常常会把所有的压力归咎于伴侣,而不会承认其实绝大部分的压力是来自于他们自己。此时,忠诚者会更加生气,并且将内心的恐惧与担忧真实化,即使伴侣什么都没做。而他们对于伴侣的无休止指责,往往会伤害伴侣的感情,恶化彼此的亲密关系,甚至会导致婚姻的破裂。因此,要想婚姻长久而稳定,忠诚者需要克制自己的怀疑心,尽量避免指责伴侣的行为。

给忠诚者的建议

会质疑没有错,但是不要否定一切,这个世界上不是只有无情的利益关系,也不是没有可以值得信赖的人,关键取决于你的态度。你总是对每一个出现在身边的人用疑惑的眼光去看，不愿相信他人，试问，你到底是不相信自己有准确的判断力，还是不相信他人真的会对你好？如果只是一味地拒绝别人进入你的感情世界，那么最终肯定没有人能走进你的心。

所以可以适度地敞开心扉，如果觉得这个人还不错，就给自己一个主动接触的机会，只有尝试了才有可能获得。

你不仅怀疑别人，还会怀疑自己，别人眼里的你是那样地疑神疑鬼，对什么都不信任。实际上你是在寻找一种安全感，对自己感到安全也对别人感到安全。其实你完全可以花一些心思专注于自我价值的肯定，确认自己在某些方面做得相当出色，也有不少独特的能力，只有相信了自己才能有信心相信别人。这是让你释然的唯一办法。

你时常会产生焦虑的情绪，这会让你在紧要关头失去应有的理智和判断，也会让原本计划好的一切变得慌乱，有些不知所措。但是看开了就会发现，焦虑是一把双刃剑，虽然有不利的一面，但用得好的话可以发挥它的巨大作用。在合理的范围内与焦虑和谐相处，用积极的心态引导自己，就可以将焦虑化为一种动力，激励你去更有激情地做事。

对安全感的渴望源自你心里对错误的恐惧和对失去的害怕，在感到自己犯了错误时就会选择逃避，但是这没有什么实际的作用，只会让你和别人隔得越来越远，还会让人对你产生不好的印象。

忠诚是你的一大特点，一旦认真起来就能对权威表现出绝对的服从，甚至有种盲目崇拜的倾向，什么都听从安排，不会发表自己的见解。这是完全没必要的，一味地迎合和取悦只会让你迷失方向，变得越来越没有主见，到最后只会彻底地顺从对方，这和你想要的安全和自尊是恰好相矛盾的。

所以不要害怕所谓的权威人士，即使是在你的领导、尊重的长辈或者名人面前，也要保持适度的自信，勇敢地表达出你的想法。不要担心会被批评或者拒绝，这总比你一味地忍让要好得多，如果不说出来，你可能要一直待在一种被动的状态中，而且你的忠诚不一定就能换来你想要的结果。

9

生龙活虎的活跃者

案例分享

郭明是公司的老板，他整天就像一个孩子一样，活力四射，喜欢丰富多彩的工作。如果当他在工作的时候可以遇到不同的人，或者是可以去不同的地方品尝美食、享受人生的话，他都非常感兴趣。但是，他最不喜欢的就是每天重复同一件工作，这样会让他感到厌烦。在他的定义中，只要每天过的开心有意思，那么今天就不算白过，其他的都不重要。

活跃者的新名字：无忧无虑的跳跳虎

为什么用跳跳虎来形容活跃者，因为活跃者总是表现得生龙活虎，在他们的生活中，没有危机感，所有的事情都是那么的美好，他们觉得生活中没有什么事情是不能解决的，要学会享受生活。他们极度向往自由，讨厌约束，如果感觉到压力，他们会马上溜掉。正因为他们活力十足，所以往往还没有计划好就先行动了。

他们喜欢投入体验快乐及高昂情绪的世界中，总是不断地寻找快乐。他们喜欢刺激，喜欢感官知觉，喜欢纵情于欢乐中，喜欢物质的生活，喜欢享受和财富。他们也会利用自己的耳聪目明去寻找捷径，来满足自己，并用最少的力量去达到自己的目的。

他人眼中的活跃者

在他人的眼中，活跃者总是精力充沛，就像是阳光一样，不仅能让自己感到快乐而且还能让他人感受到温暖。

活跃者的思想像小孩一样，他们没有烦恼，思维跳跃，能将悲伤幽默化，把所有的事情都往好的一面去思考，他们天真、热情、乐观……但是，他们也有小孩的任性、自我、缺乏耐力的特点。

他们总是充满快乐，当自己开心满足的时候，也天真地认为身边的人也是开心的。对他们来说生命就是为了享受快乐，自己人生的目的就是追寻快乐。他们喜欢参加各种活动，体验外在的感官世界，并从外界的活动中创造生活的刺激及生命的动力。因为他们相信只要用心于某件事情，一定会有所成就。

活跃者眼中的自己

许多快乐的事情在我看来，都不应该自己去享受其快乐，所以我们应该分享我们的快乐，让周围的人也都充满乐趣。但是，每当我想要去分享我的快乐的时候，可能会给对方一定的压力，导致对方可能会对我产生反感甚至是反抗，所以常常让我迷惑。我自认为自己是个缺乏耐力的人，眼大肚小、容易放纵自己，而且我也很讨厌那些在我做事的时候对我指手画脚的人。我厌烦别人的啰嗦，当他人指责我的过错的时候，我会承认错误争取让对方停下他的啰嗦，如果对方依旧在那里啰嗦不停，我则会转头就走。

我非常喜欢表达心中的想法，而且也属于反应较快的那类人，经常逗得朋友们不亦乐乎，是他们眼中的开心果。当我表达某样事物的时候，脑海中容易出现许多有趣的图画，然后我就会用生动活泼的语言来形容这些有趣的图画。别人总认为我口甜舌滑，给人言不由衷的感觉，但当时那一刻我真的是言出于心的。

也许我在别人眼中是个很上进的人，但有时也会长期无所事事，我不觉得这有什么不对，只是这容易产生沮丧感，为了逃避不快乐的感觉，我可能会疯狂购物，或者纵情于声色，也有可能沉迷于酒精的麻痹，或大吃大喝。我喜欢和志同道合、趣味相投的人打交道，原因是我对一些我认为无趣的人缺乏耐性，恨不得他们马上从我的眼前消失，如果他不消失，那我就消失。我有识人的天赋，往往第一眼就可以判断对方是否适合交往。面对我感兴趣的人，我表现得天真、充满热情、魅力四射。我喜欢打逗别人，不为欺骗，只为其中有许多乐趣。

如果某样事情可以让我赚很多钱且能带来很多名利，但是过程非常辛苦，我想还是不太适合我。我情愿做过程轻松有趣的事，即便结果不会引人注目，但太辛苦就不好玩了。

我选择伴侣的要求更显出我的特别，只有当伴侣是高素质的人的时候，我才能真正享受爱人带给我的快乐，否则这是对自我形象的损害，所以我也害怕太快决定我的婚姻。许多人认为我是个不够专心、缺乏责任心的人，其实他们不了解我，正因为我很清楚什么是责任，所以我不愿意那么盲目地承担责任。如果我通过努力在社会上占有一定地位，往往不愿意为我不长进的配偶的幸福做出牺牲。我也许会不忠，因为我觉得每个人都有选择快乐的权利，所以我常常不太赞同一些社会的道德与约束。当我的配偶因为我的背叛显得痛心疾首的时候，我也不会十分同情，但是如果是配偶背叛在先，我却很难原谅这样的行为，不为道德，只是因为他伤害了我的优越感。

其实，我感觉自己就像是一个未长大的孩子，虽然他人也是这样评价我的。我时常会感到自卑，但又时常会自大，所以我会转移自己的注意力，拿自己的优点去和他人进行比较，这样会让我感到无比的高兴和骄傲。

活跃者的身体语言

如果在生活中你和活跃者有过交往，只要细心观察他们的行为，你便会读懂活跃者的身体语言。

1. 活跃者常常充满活力，总是给人活蹦乱跳的感觉，而且他们面对任何事情都有强烈的好奇心，想要去探个究竟。

2. 活跃者的注意力永远都是关注自己感兴趣的事情，如果周围有好玩、有趣的事情，这很容易吸引活跃者的注意。

3. 活跃者很少能安静地待在一个地方，你总会看到他们不停地走路或者干其他的事情。

4. 活跃者走路的时候总是有风的样子，而且走路时都不是正常的状态，而是活蹦乱跳的。

5. 活跃者常常喜欢佩戴一些有意思的饰品来装点自己，但他们很少顾及饰物是否与衣着协调，只是图个新鲜好玩。

6. 活跃者的眼神充满活力，总是闪耀着光芒，显得古灵精怪。

7. 活跃者常常是笑容满面，挂着开心的笑容。

8. 活跃者的眼神和面部表情非常丰富，从不掩饰自己的喜怒哀乐。

9. 活跃者快乐的表情远远多过悲伤的表情，他们是天生的乐天派。

10. 活跃者的身体动作常常很丰富，他们的手势不断而且夸张。

11. 说到尽兴时，活跃者常常表现出喜笑颜开、手舞足蹈的夸张表情。

12. 活跃者有时候会面露不屑的表情，也会经常使用瞪着眼睛去盯人的表情。

活跃者的闪光点和不足

活跃者总是充满快乐，充满活力，他不仅能给周围的人带来快乐，而且还能带来正能量，以激发他人勇敢快乐地面对生活的信念。虽然他们做事情的时候总是没有足够的耐心，但是面对自己喜欢的工作，他们会坚持做下去。活跃者面对挑战的时候，总能激起他们的兴趣，会专心面对挑战。这些都是活跃者身上的闪光点，其实，我们还会看到活跃者更多的闪光点的。

1. 活跃气氛的高手。活跃者总是能给他人带来欢笑，所以，有活跃者的地方都会是欢声笑语的，他们就是工作和社交场合的开心果。

2. 敢于冒险的尝鲜者。活跃者总是敢于面对生活中的挑战，所以他们为了寻求刺激，往往都是第一个去冒险的人。虽然，他们并不知道自己最后的结果是什么，但是过程永远是他们所向往的。这样他们也拥有了更多的机会。

3. 拥有广泛兴趣。活跃者的兴趣十分广泛，是人们眼中的全才，常常多才多艺。

4. 富有创意的点子王。活跃者常常有很多的主意，总能想出一些新鲜的点子来。他们创意不断，称得上是点子王。

5. 善于制订计划。活跃者常常善于制订一个具体的计划，应该采取什么步骤，具体采用什么方法，他们能够提前安排好。

6. 优秀的公关人员。活跃者善于交朋友，常常拥有各种类型的朋友。他们拥有一颗善良的心，常能感染别人，是很好的公关人员。

7. 具有抗挫折的能力。活跃者受到挫折时，可以很快从悲痛中走出来，他们的抗挫折能力很强，具有旺盛的生命力，这对他们的事业和人生发展大有好处。

快乐活泼的活跃者，虽然拥有许多的闪光点，但他们并不是完美的，我们也可以从他们身上找出不足，来为自己警醒。

1. 缺乏耐性。虽然活跃者面对挑战的时候永远都是第一个，但是成功的却很少，因为他们有一个重大的不足之处就是缺乏耐心，做事情的时候往往都是一阵热度，然后就不闻不问了。

2. 过度自恋。活跃者常常会有些过度自恋，觉得自己无所不能，是生活中的多面手，这样的心理常常妨碍他们不断内省和进步。

3. 做事情浅尝辄止。活跃者常常把自己的行为面铺得很宽，但是很难深入思考，浅尝辄止地去做事情常常使得他们不能够成为一个有深度的人，也很难得到较大的成长。

4. 盲目乐观。活跃者常常抱着盲目乐观的态度去看待周围的事情，而且常常会压抑不好的想法，专注于正面的事情，这也使得他们难以看到实质性的问题和真正的困难。

5. 难以注意他人感受。活跃者常专注于玩乐的事情，却难以注意他人的需求。另外，他们非常随性，说话口无遮拦，有可能无意中给别人带来深深的伤害。

6. 难以承受痛苦。活跃者常常不自觉地逃避现实中的困难，很难对自己严格要求，他们会用享乐来逃避责任，躲避可能让自己痛苦的事情，而且没有承担痛苦的勇气。

7. 逃避责任。活跃者在面对责任的时候，第一个观念就是如何去逃避这个责任，他们往往会推卸自己的责任，以各种理由去掩盖自己的过错，因为他们向往自由，所以面对责任的时候都想将这个枷锁摆脱掉。

8. 难于承诺。活跃者总是给人不够成熟的感觉，所以他们总是很难做出承诺，即使当他们在强迫之下做出承诺，也有可能会违背自己的诺言。

九个层级的活跃者

第一层级：感恩的鉴赏家

第一层级的活跃者是快乐的，他们怀有一颗感恩的心去面对生活。他们能够接受现实，不会因没有快乐而烦躁，可以平静地去感受世界，用自己的内心去欣赏周围的一切，他们相信快乐就在身边，我们一定可以得到快乐。

他们对现实充满信心，享受着当下的生活，不强求周围的环境，不强求自己的快乐。他们通过体验生命中的每一刻，找到快乐的源泉。他们相信自己，不断追求自己内心的本质。无条件地热爱生命，他们不断肯定生命的价值。

他们认为生命是值得敬畏的，现实是神圣和庄严的，我们要用自己的心去感受他们，要对世界和生命进行赞美。我们要内心充满感恩和喜悦，不断去感受生命的丰富，他们可以把这一切都看得很平淡，因为他们已将其看作是生存的一部分。

他们把每件事都视为礼物，不再给生命中的快乐附加条件，开始专注于生命中真正美好的东西，专注于真正有永久价值的东西。对他们来说，现实中的快乐是没有穷尽的，当下所拥有的已经足够。

第二层级：热情洋溢的乐天派

第二层级的活跃者开始焦虑，他们对生命丰富性的信仰有所缺失，担心生活本身不能满足自己的需求，于是开始积极主动地寻求快乐，并显得精力旺盛、热情洋溢，他们是热情洋溢的乐天派。

他们不能够充分体验现实，开始预期未来的经验，思虑自己想要做的事，或思虑如何才能得到快乐和幸福。于是，他们开始渐渐偏离现实，注意力的焦点开始指向周围的外部世界，对这个世界的种种感觉不断刺激着他们，这些都让他们感觉兴奋。另外，他们也能深切地意识到自己是快乐的、热情的，而这正是他们生活的目标。

他们面对现实的态度相当积极和富有感染性。他们是如此的乐观和活跃，有着极度的热忱和丰富的好奇心，拥有许多天赋且得以全面发展，即使年老，他们也依然保持着年轻的心态。拥有顽强的生命力，不怕伤害和挫折，面对困境，他们有着积极乐观的态度，同时深信："如果生活只是给你一个柠檬，那么你还可以榨一杯柠檬水喝。"

他们敢于接受选择的失败，有着强烈的冒险意识，不怕遭遇失败，也不会轻易为自己的不完美而感到难堪，生命对于他们是一种学习过程，他们重视这种体验，因为每一次体验都是一个不断提升自己理解的契机。

第三层级：多才多艺的全才

第三层级的活跃者整日为自己的快乐而担心，他们害怕自己无法得到快乐，但相信只要自己有足够的自由和财力，就一定可以得到快乐，所以他们开始为自己的想法而奋斗，也正是因为这样，第三层级的活跃者都是多才多艺的人。

他们做事非常专注，希望自己产出创造性成果和工作业绩。他们是极其多才多艺和具有创造力的人，他们认为只要专心致志，就能把事情做好，就能生产很多有价值的东西。

他们在很多领域都非常擅长，拥有广博的知识，丰富的实践经验。他们的各种兴趣和天赋都能得到充分发展，良好的业绩使得他们成为众人瞩目的焦点。他们不怕尝试新的领域，而且也不断产生新的兴趣和才能，不仅在自己的专业领域内相当杰出，在其他很多领域也表现特别出色。他们常常是语言高手，会多种乐器，甚至对烹饪、缝纫等技艺也都很在行，他们掌握的知识和技能包罗万象，但却并不失务实的态度。

他们掌握的技能越多，继续学习的可能性就越大，不只是自得其乐，而且也能不断给他人提供很多产品和服务，这给他们带去快乐和享受。他们乐于分享，能让他人愉悦，所以受到人们的欢迎。他们的人生成果不断，是多产的生产者和服务者。

第四层级：经验丰富的鉴赏家

第四层级的活跃者对事情都抱有很大的兴趣，他们不愿错过自己一切的快乐，期待各种各样的事情能给自己带来快乐和满足。他们的内心也只有在不断尝试各种新鲜事物下才能得到更多的满足。

此时他们更加关注的是，自己能够从生活当中得到什么，而不是自己能为这个社会提供什么，相比于生产和创造，他们对消费和娱乐更感兴趣。他们想要获取更新更好的事物来逐步提高自己，因此总是想要拥有更多、经历更多，认为只有这样才可以获得更多的快乐。

他们害怕错失比现有的更令人兴奋的东西，因此总是迫不及待地要求新的体验。他们如此热爱生活，但是也频繁地出现烦躁的状态，同时总是想换个口味。

他们有着丰富的体验，而且多才多艺。每天忙忙碌碌，日程表排得满满的，对新事物尝试的新鲜感消失得很快，同时也会产生新的欲求，然后再忙着寻找别的东西。

他们常常成为有"品位"的人，知道如何去过高雅的生活，享受生活是他们的人生乐趣。他们最渴望强烈的感觉，讲究饮食、追求衣着，而且在自己的财力限度内，常常要求自己达到最大的时尚感和刺激感，因此他们喜欢奢华的生活。

对于该层级的活跃者而言，问题在于，随着欲求的不断上升，他们并不能得到真正的满足，而且他们对于品质的判断力也会越来越差，肤浅的消费让他们陷入饮鸩止渴的怪圈。

第五层级：过度活跃的外倾型

第五层级的活跃者是焦虑的，他们总害怕自己会无所事事，所以总是将自己的精力投入到各种事情当中，这样可以从这些事情中来寻求新的经验。

他们不会拒绝任何事情，渴求多彩多姿的变化，一般人很难跟上他们的节奏，但他们对于思索自己的行为，或反省自己的生活没有丝毫兴趣。他们爱好公众生活，喜欢任何有趣的宴会和把酒言欢，这每每让他们欢呼不已。

他们极少用严肃的态度看待事物。面对自己的焦虑，他们常常用投入欢乐进行逃避的方法来处理。很少用心倾听他人说话，总是渴望自己成为众人注意的焦点。他们频繁地转移话题，但也会经常打断对方的话，不让人把话讲完。

他们的注意力非常分散，会做太多不同的事情，常常因为这样连最小的事也做不好。具有讽刺意味的是，对于自己所做的一切，他们没有真正的认识，因为他们没有深入研究过。

专注和集中注意力对他们来说难以做到，他们只能注意极其有限的范围。旺盛的精力和创造力以及天分和才智常常被浪费，不断的浅尝辄止使得在他们身上很难看到成就一番事业的潜质，对任何事情他们都不是行家里手，而是扮演"三脚猫"的角色，因为他们没有办法坚持长时间做一件事，他们太容易感到厌倦并转向其他的事情了。

他们开始害怕孤独，不能让自己安静下来，也无法让自己待在安静的环境中。他们对生活只重视量，却不会去重视质，因而变得越来越幼稚。无休止的浅薄活动严重影响他们的生活，也渐渐失去周围人的支持。

第六层级：过度的活跃者

第六层级的活跃者总是过度的需求，他们想要得到一切，也正是因为这个想法让他们变得贪婪和急躁，对于任何事情他们都想立刻解决，想要立即获得满足感。

他们以财富为最重要的价值标准，认为金钱可以帮助自己得到想要的任何东西。他们把所有的钱都花在自己身上，结果常常陷入财务危机。他们是极端的物质主义者，不想放弃任何获得自己所想要的东西的机会。

他们是贪婪的消费者，过度索求一切，习惯无节制的生活。同时，他们也是没有节制的贪求者，让他人看起来廉价而庸俗。他们总是一副暴发户的模样，过度是他们的标志，喜欢铺张浪费，可能买来很多自己不需要的东西，然后就扔到一旁。

朋友和他人对他们而言只是玩伴，若无法带给他们快乐，就会选择放弃。他们的婚姻可能只持续一两年，新鲜感没有了，就会放弃，转入新的关系中。

他们拥有很多，但并不满足，甚至会嫉妒一些似乎比自己拥有更多的人。他们变得不愿意与他人分享，也不愿意他人依赖自己，只关心自己的利益，他们冷酷无情，不顾及自己行为的后果，也不愿意承担自己应尽的责任。

第七层级：冲动型的逃避主义者

第七层级的活跃者所做的事情总能给他人带来困扰，而且他们又无法找到自己的快乐，当所承受的痛苦超过自己的限度时，就会选择逃避。

他们为了让自己保持在活跃状态，变成了真正无可救药的逃避主义者。不仅仅是无节制，甚至完全不加甄别，任何事物只要能够提供快乐或有助于消除紧张和焦虑，他们都会来者不拒。

他们总在寻求新刺激，直到把自己折腾到筋疲力尽为止，必要的话，甚至可以几天不睡觉。其实他们心里一点也不快乐，只是为了活动一下才这么做。他们因为害怕一人独处，甚至会强迫别人也加入自己的自我毁灭的放纵行为中。如果你不参与，他们甚至会跟你翻脸。

他们对曾带给自己快乐的东西有一种强热的依赖。他们是瘾君子，总会滥用刺激物和镇静剂，安眠药或烈性酒、咖啡因或更有效的刺激物都是他们的最爱，他们想借这些东西来促使自己快乐，结果却渐渐地步入一个无法摆脱的恶性循环中。

他们的行为让人觉得很讨厌和不舒服，可自己却无能力去改变。慢慢地，他们变得根本不在乎自己是不是伤了别人的感情，会不断把别人当作"替罪羊"或者出气筒。他们侮辱别人，而且冲动不断强化，令他们更加显露出幼稚与不成熟，身边的人常常会选择离开。

第八层级：疯狂的强迫性行为

第八层级的活跃者开始为自己无法享受到快乐而担忧，为此开始变得焦虑，为了安抚自己心中那种焦虑感，他们总是强迫自己去参加到各种各样的活动中，来体验其中的快乐。

他们陷入妄想,越来越亢奋,觉得自己能够实行一些伟大的计划,事实上他们并没有那样的能力。他们会强迫性地参与各种不同的活动,比如强迫性地购物,无休止地赌博,滥用毒品和酒精,强迫性地进食,甚至去制造各种各样"冒失"的恶作剧。

他们正处于危险中,抵御焦虑感的唯一方式就是获得逃避的手段,而疯狂活动本身就是自己的防御。一旦失去了维持持续活动的能力,他们常常会变得非常沮丧。

周围的人难以适从他们,其心情、思想和行为都极为善变,而且与他们很难有效沟通,讲理或尝试去限制他们"精神亢奋"的状态,都会遭致他们的极力反对。他们成为麻烦的制造者,而不再是曾经的开心果。

第九层级:惊慌失措的"歇斯底里"

第九层级的活跃者因生活所迫,变得面对任何事情都惊慌失措,他们没有东西依赖,想要逃离这种状态,又找不到方法,所以他们生活在恐惧之中而无能为力,他们失去了希望,似乎只能选择等待,在恐惧之中等待着死亡。

面对生活他们是焦虑和不知所措的,也不知道如何去摆脱这个焦虑感,所有的痛苦和可怕的潜意识都会袭来,侵蚀着他们的内心,对他们的内心造成威胁,所以他们变得越来越恐惧,越来越迷茫,根本不知道如何去应对这个焦虑。

此时的他们不再欢乐,他们恐惧,害怕被杀害,害怕会发疯,害怕会遭到无尽的折磨,他们的身心承受力被推到极限,想要躲藏,想要去逃避现实,可是却没能找到藏身之处,他们早已被折磨得精力透支了。

一开始他们想要去追寻刺激,但是由于无法去真正接触自己的内心,导致他们无法去感受周围的世界,他们想要去改变,却发现自己就像是深陷泥潭之中，越陷越深，最后留给他们的只有等待死亡和过程中的恐惧与绝望。

想要成为活跃者朋友的几种方法

　　活跃者虽然生活乐观，可是当他们面对痛苦的时候，却无法承受，也没有办法从痛苦中逃脱出来。他们乐观积极、精力充沛、富有想象力，也会去专注地做一件事情，但是，当他们一旦失去兴趣的时候，那便是他们失去耐心的时候。其实，和活跃者相处很容易，他们也能给你带来快乐。当你知道以下几种方法时，便能成为活跃者的好朋友。

　　1. 活跃者最不喜欢的就是在他们工作的时候，对其指手画脚，如果你对他们已经决定的计划要改变的话，那么他们势必要向你发出怒火。所以，此时的你千万不要着急，要给他们时间，让他们去思考，他们也是有可能会接受你的建议的。

　　2. 在讨论问题时，他们有可能采取搪塞、推诿的态度，或者觉得讨论这样的问题是活受罪，思绪便会逃开，有时他们还会怪罪于你。对于这些，你可以不放在心上，但要立场坚定，保持充沛的精力，想办法再把他们带到讨论的问题上来就可以了。

　　3. 他们是乐观的，经常与人们聚在一起谈天说地，如果谁不参与其中，他们会对这个人产生鄙夷。了解这点后，尽管你对他们或者他们谈论的内容不感兴趣，如果时间和条件都允许的话，参与进去也未尝不可，有可能还会给你带来快乐。

4. 他们喜欢高谈阔论自己以为远大的见解，假如你觉得他们的想法不可行，也不要当着他们的面去证明。因为他们这样说的目的只是在表现自己的存在感和存在价值，此时去反驳他们，必将驳了他们的面子。

5. 他们处理事情并不果断，考虑事情也不干脆，经常在思绪中徘徊。这时，你可以帮助他们下定决心。方法是让他们不要把思绪延伸得过远，当务之急是考虑眼前的实际事情，要对当前的事情或事态进行感觉。如果你这样做，他们会觉得你很够朋友。

6. 他们有较强的自尊心，尽量不要用批评或指示的方式表达你批评的意思，学习用中性的词来说明。

7. 因为他们不愿思考，不愿在思考中触摸痛苦，有的只是美好的幻想。但幻想只能给他们带来暂时的愉悦，却不能代表事实。所以你应该时常问问他们的目标是什么；现在已经走到了哪一步，前方的道路是光明的还是昏暗的；应该怎样去做等问题。

8. 如果当你看到活跃者发怒的时候，要认真倾听他们的诉说，而且还要考虑他们述说是否是真实的，因为在他们生气时所述说的内容有可能是因为恐惧而胡乱说的。

活跃者的职场攻略

职场关系

活跃者在职场关系中的关键问题就是自由，他们喜欢多种选择。他们可以是掌控大局的领导者，也可以是安守本分的员工。

一般来说，活跃者的职场关系主要有以下一些特征。

☆活跃者喜欢平等的状态，没有人在他们之上，也没有人在他们之下。

☆活跃者看淡权威，认为权威者也是普通人，自己完全可以和他们平起平坐。

☆活跃者具有天生的优越感，认为自己有很大的才能，完全可以自己选择要走的路。

☆活跃者害怕自由受到任何形式的限制，会努力消除权威对自己的控制，面对压力，通常会变成强烈的反权威者。

☆活跃者擅长带动团队的整体情绪，他们是团队具有生活气息和快乐的保证者。

☆活跃者在项目实施的最初阶段以及项目中遇到困难时，他们的效率最高。

☆活跃者很难对一个项目从头到尾地投入热情。

☆活跃者不喜欢常规的工作，对于自由度较低的工作也不习惯。

☆活跃者常用大量的设想和理论来代替枯燥而艰苦的工作。

☆活跃者常常是很好的计划顾问，他们善于提供形形色色的创意。

☆如果一件事情让活跃者感兴趣，即使不切实际，他们也不会轻易放弃。

适合的环境

活跃者因为其独特的性格特点，决定了其对一些环境能够很好地适应。

活跃者贪图享乐，是美食和美酒的热衷者，他们爱好玩耍，因而娱乐行业、旅游及酒店行业等都非常适合他们。

活跃者有好奇心，喜欢多样化的选择，多样性、变化快及不断求新的经营场合非常适合他们。作为学者的话，他们常常是跨学科研究的带头人和推动者。

活跃者常常富有点子和创意，文化创意、广告创意都很适合他们。他们是创意收集者，常常可以扮演"顾问"的角色，而他们又具有独立的个性，不喜欢受约束的工作习惯，最适合当自由支配自己时间的"自由人"。

活跃者很善于讲故事和感染别人，他们可以成为魔术师、主持人、演员、导演、编辑或者作家。他们还善于交际，拥有广泛的人际关系网络，是很好的公关和销售人才。

总之，活跃者喜欢自由快乐，需要具有智力、创造性、千变万化、快乐的工作，这样的工作氛围常常可以吸引他们的注意力和兴趣。

不适合的环境

活跃者因为其独特的性格特点，在一些环境中很难适应。

活跃者学什么都很快，很快就能掌握，但往往钻研不深，很快就会丧失兴趣。他们讨厌那些日复一日、年复一年地从事简单、机械、重复、不需要创意的工作，例行公务的工作中很难看到活跃者的身影，像行政人员、公务员等，而且这样的工作太沉闷、太枯燥，是活跃者最无法忍受的。

实验室里的技术人员、会计和其他可以预计结果的工作也不适合活跃者，因为这样的工作缺乏新鲜感和变化的刺激。

跟着活跃性格的领导者一起快乐工作

活跃者是积极乐观的，当他们成为领导者时，在工作中非常注重营造轻松、欢快的团队气氛，也会把管理精力偏重在构建和维护团队欢悦的气氛上。他们擅长用自己积极的态度来感染团队成员，并通过精神鼓励的方法来推动他人实现团队目标，一旦发现有人态度消极，活跃性格的领导者就会主动安排一些娱乐休闲活动来安慰或激励对方。

作为活跃性格领导者的下属，你需要时刻提醒自己保持积极乐观的工作态度，不要以消极的态度对待工作，或过于关注工作过程中的负面情况，更不要经常以负面的情况分析，以此作为理由来反对他们时常出现的新创意或新计划，他们会因此对你产生过于保守、太过沉闷的评价，并将你化为"无能"的人群，还会因此挑剔你的工作。

活跃性格的领导者喜欢在工作中营造一种不分你我的平等人际关系，让大家都能以率真、坦白的方式相处并开展工作，因此他们讨厌员工在办公室构建"小圈子"，更禁止"办公室政治"作风。

赞赏活跃性格的员工的新尝试

活跃性格的员工常常自发主动地承担工作，他们对工作充满各种各样的奇思怪想，尝试发挥自己的创新精神来为企业开创新的局面。他们常常抱着很正面的目的开展工作，因而对于他们自发性的工作风格要充分赞赏，同时要懂得放手让他们自由工作，利用他们的敏锐思维，在工作中开展各种各样的新型尝试。

活跃性格的员工对自己的创新精神经常保持足够的自信，他们也希望别人能够赞赏自己的这一点，在工作中，当他们的这一品质得到赞赏，那么他们常常会更加勤奋，甚至可以干出很大的成绩。

领导者对于活跃性格的员工频频想出的好想法，一定要抱着赞赏的态度，有时候你也许会觉得他们的想法很幼稚，但很多时候，一些幼稚的想法反而能生发出伟大的成就，就像莱特兄弟一样，想飞起来的想法，最终却成就了他们发明飞机的壮举。

刺激和享受，留住活跃性格的客户

活跃性格的客户追求快乐，享受刺激和冒险，他们常常被能带来刺激和享受的产品吸引，所以如果你想要获得营销的成功，一定要向他们描述产品带来的刺激和享受，把你的产品与能带给他们的快乐联系在一起，用一系列新奇刺激的冒险计划来接近他们，这样才能取得营销的成功。

但要注意的是，活跃性格的客户喜欢自由选择，他们讨厌别人在自己面前的高姿态，害怕自己被强制或者受到催促，如果处在这样的情况下，他们常常会非常愤怒，难以遏制地发火，这样你们的成交就几乎没有希望了。

恋爱中的活跃者

活跃者的恋爱关系

活跃者在恋爱关系中，常常喜欢寻求自己的快乐，喜欢去冒险尝试所有的美好事物，但他们又不喜欢做出承诺，而且经常会有点见异思迁，有一点儿花心。

一般来说，活跃者的恋爱关系主要有以下一些特征。

☆活跃者喜欢自由自在的伴侣关系，他们不喜欢被束缚的感觉。

☆活跃者喜欢刺激和快乐的关系，忽视生活中平淡无奇的一面。

☆活跃者自我认知较高，常常期待伴侣能给自己足够的欣赏。

☆活跃者非常善于让伴侣高兴起来,他们总是能找到快乐的理由。

☆一旦关系出现了问题,活跃者往往会选择玩乐来回避,让双方没有讨论问题的时间。

☆活跃者受不了抑郁的伴侣,常常会选择远离他们。

☆活跃者是不能做恋人,但还可以做朋友的类型。

☆尽管做出承诺很难,但是活跃者也会在分手后怀念美好的时光。

接受爱情的束缚性

活跃者思维灵活,追求生活的多样性和新鲜感,因此在生活中经常有很多"点子",并会要求自己的伴侣来配合他们的这些创意,这使得他们常常给人以古灵精怪的感觉。但如果伴侣不能理解,或跟不上活跃者跳跃性的生活节奏,或者是伴侣对活跃者表现出不耐烦的情绪,活跃者的内心就会产生一种抗拒的感觉,因为他们已觉得伴侣的态度本身就是一种压力,并因此与伴侣产生距离感。

如果伴侣在生活中过多地限制活跃者的想法及行动,特别是反对他们追求自由以及体验生活中的各种刺激时,往往会激发活跃者与伴侣的争执,但活跃者往往不会直接面对这些不愉快的争执,而是选择逃避的方式来避免与伴侣接触,同时自己仍旧去体验那些快乐、新奇、刺激的事物,这常常让伴侣觉得活跃者没有责任感,由此加剧彼此之间的冲突。

对于活跃者来说,他们常常在结婚后感受到失去自由的苦恼,也会为婚后带来的问题而感到后悔不已。"如果我还是单身,那该多么自由自在啊!"他们会不期然地缅怀起结婚前的黄金岁月。归根结底,是活跃者还没有意识到人际关系,尤其是一对一的爱情婚姻关系本身就是一种束缚,只有当活跃者明白了这点,并学会接受人生不会只有顺境与乐事、世界不是为人而设的游乐场、人生本来就是由悲欢离合构成的这些事实以后，就能够放下对快乐的偏执，正确地看待自己与伴侣的情感关系。

别在感官刺激中沉迷

活跃者重视感官的刺激，他们总是要透过五光十色的世界寻找无限的可能性。他们很难将注意力凝聚在固定的爱人上，因为一旦将注意力集中，便会觉得快乐被剥夺了，他们的目光总是忍不住投射在不同的异性身上，尤其容易被新异性的某个以往自己没有体验过的特质所吸引，这就导致活跃者在婚恋关系中的不定性问题。由于害怕限制，他们往往不愿结婚，因此他们与许多异性都不过是露水情缘、过眼云烟。即便是结了婚，他们也可能不会认为与婚外异性发生亲密关系是一种背叛，反而认为那是一种正常的娱乐，是他们一种难以抑制的情趣。因此，作为活跃者的伴侣，恐怕终日都要生活在担心他们变心的恐惧中。

活跃者不仅喜欢自己追求新鲜刺激感，还会在日常生活中费尽心思地安排各种好玩、新奇、刺激的事情，以此来赢取伴侣的喜欢，更希望伴侣能够与自己一起亲身体验各种新鲜事物。他们希望在这些体验中来感受彼此内心的快乐，并把这种快乐看作是爱的关键。然而，他们的自我中心倾向使得他们缺少一种体察别人感情需要的敏感度，容易给伴侣巨大的压迫感。只有当活跃者走出感官刺激的迷途，才能真正认识到爱情和婚姻的真谛是平淡而非刺激。

和伴侣一起体验悲伤

活跃者喜欢与伴侣分享快乐的事，平日闲谈都是围绕一些令人精神爽快的话题。他们希望伴侣带给他们的信念是"生活是美好的"，希望双方是因为快乐才在一起的，没有任何约束和限制。他们不愿面对负面情感，让他们坐下来感受悲伤简直是不可能的，因而，他们的心思会立即转移到积极的选择上——能给他们带来快乐、让他们继续前进的有趣选择。是否真的去做并不重要，他们只要从选择的可能性中感到快乐就够了。当伴侣坚持要讨论负面事情时，活跃者会觉得是伴侣要强迫他们面对不高兴的事情。如果他们无法摆脱，就会很生气。这常常让他们的伴侣感觉受到冷落，从而可能给他们的关系埋下隐患。

因此，活跃者需要学会接受伴侣的负面情感，要明白不是每个人都像你一样，可以整日保持轻松愉快的心情，而且生命中也有一些大家都需要面对的严肃问题，不是开怀大笑一番便可以迎刃而解的，所以忧愁不一定是种消极或病态的反应。活跃者可以尝试拿出耐性来，体会一下为何伴侣会陷入低落的情绪中，然后运用自己的机智，与对方一起面对问题。

给活跃者的建议

你风趣幽默、开朗活泼，你是朋友们的开心果，和大家在一起的时光你是他人快乐的源泉。你用自己的言行感染着身边的每一个人，你喜欢用开玩笑的方式来逗大家开心，但是切记要拿捏好尺度，开玩笑也不要太过火，有时你觉得好笑的事情，可能正好是别人忌讳的话题，所以不要因为自己的嬉笑玩闹冒犯了别人，那样往往会伤害你的人际关系。

贪玩的活跃者只要看见好玩的事就会旁若无人地自顾玩耍，就算一个人也可玩得很开心，但这很容易让你耽误正经事，招来同伴的责怪。所以不要总是一副天塌了也不能耽误自己玩乐的态度，先做好手头的工作再去享受，这样也可以更尽兴一些，不是吗？

你有强烈的好奇心和求知欲，看见新鲜好玩的事物就忍不住要去尝试一番，兴趣过于广泛让你难以安定下来，就像贪玩的小猫一样，一会儿抓蝴蝶，一会儿追蜻蜓，这种三天打鱼两天晒网的态度最终会让你很难有大的成就，只能把什么都当做玩乐一样轻描淡写，一笔带过。

所以你需要找准一两个特别感兴趣的方面好好深造，潜下心来去做一件事，要知道有时候成功所带来的喜悦感同样是一件乐事。

冲动是魔鬼，不要被一时的冲动所驱使，头脑发热时所作出的决定绝对是缺乏理智的。你可能的确会在这种冲动的指引下找到一些快乐，但不是每次都会有这么好的运气，如果不幸遇上难以协调的局面就会让你烦恼不堪。所以冲动来的时候要学会克制，想想前车之鉴来告诫自己不能重蹈覆辙。

学着和大家一起去体验快乐，因为在集体中你的贪玩得有所收敛，不能像一个人的时候那么只顾自己的感受，和别人分享也是扩大快乐的一种好方法，相信你能收获到很多一个人体会不到的快乐。

精力旺盛、体力充沛的你玩心太重，自控力也相当差，明知玩乐会耽误很多事情或者失去好的机会，你也没办法克制自己不去玩耍。最后的结果就是一味地放纵自己，在享乐中逃避现实的责罚。这时候要告诫自己，快乐是无法被轻易剥夺的，而且享受快乐的时间很多，如果过于放纵自己也会给自己带来不必要的麻烦，这些麻烦也会让你不快乐，所以请适当自律吧。

10

运筹帷幄的领袖者

案例分享

　　小刚说自己的老板是一个敢于奋斗的人，只要是老板自己所决定的事情，他都会不顾一切地去追求，哪怕是很困难，他也勇敢前行。他的老板真是一个不折不扣的领导，而且在做事的时候很有魄力，决策力也是非常强，而且他在控制局面和带动他人的能力方面也是非常强的。但是他有一个缺点，就是不会去注意细节。而且当员工被老板指责的时候，他总会给你很大的压力。

　　老板虽然为人善良，很关心员工，可是他对那些懦弱胆小的人却不喜欢，因为在他看来，这都是无能的表现。而且那些经常提出问题和担忧，却又无法提出解决方案的人，也是得不到发展的，因为在他看来所提出的问题都是废话，没有方法解决。

领袖者的新名字：带头冲锋的指挥官

他们就像一个指挥官，指挥着千军万马走向胜利。而且，他们永远是第一个去面对困难的人，英勇无畏地冲在前面。如果有人阻碍他们的前行，就会不顾一切代价去铲除他人，直至走向成功。他们有极强的控制欲，想要将所有的事情都掌握在自己的手中，但不注重细节。而且他们也是一个重情重义的人，会保护自己的弟兄免受伤害。他们性格直爽，不喜欢那些小肚鸡肠的人，这样的人会让他们感到非常地厌烦。

他们是义字当头的性格，责任至关重要，会给人一种义薄云天的兄弟味道。他们的能力、力量来自于贯彻目标的决心，像愚公移山、勾践复国等，都是该类型的人喜欢干的事情。他们有强者的意志力，只要是对大众有益的事情，就会鼓动、带领群众去做。

他人眼中的领袖者

领袖者天生就有强大的控制欲，他们想要去控制别人，让他人听从自己的命令。而且，他们也有很强的煽动能力，能不假思索地说出一套让人振奋的话，从而使他人听从自己的调动。

领袖者虽然很容易调动他人的情感，但是也会去保护听从自己的人，他们会把自己当成保护伞，为自己的手下、朋友及家人提供庇护，独自与那些恶势力作斗争。

在他们的世界观中，一直都是强者生存，只有胜利者才能有生存下去的权利，而弱者永远都只是被淘汰的，所以，不论对待自己还是对待他人，他们都要将其锻炼为强者。而那些阻挠他们前进的人，都会用尽方法将其排除。

他们积极好斗且无法控制自己的情绪，有时他们会用发火来展示自己的力量，在他们的心里，对只要愿意站出来接受自己挑战的对手都充满敬意。

领袖者眼中的自己

我喜欢充满挑战的生活，因为这样才能展现出我的能力，只有挫折才能让我不断进步。"别人可以打倒我，但不可以打败我"。一直是我所遵循的话语。即使我给打倒了，也不会气馁，因为我会越挫越强。我相信只要我不断努力，就一定能打败挫折，用强大的胜利的魅力去赢得他人的尊敬。

我是一个具有冒险精神的人，虽然有时会以自己为中心。但是，面临再大的困难我都不会退缩，因为我讨厌那些虚伪的借口，更没必要去找那些虚伪的借口。只要我们能挺过去就是成功的，不论花费多长时间。

我对工作的态度就是喜欢，享受着工作带给我的乐趣。尤其是在工作中，可以发挥我的领导能力的时候，我会更加兴奋。我喜欢接受挑战，因为挑战可以发挥出我的价值。尤其是那些大家都很难去完成的事情，则是我最喜欢去挑战的。所以在别人的眼中，我就是一个面对任何困难都敢向前冲的人。也正是由于他人过多地称赞，我也常常觉得自己是那么地强大，好像没有什么事情是解决不了的。

外人常常会觉得我是那么地骄傲及盛气凌人，但是家人会认为我是个很细心的人，因为我爱我的家人和朋友，我会用一切力量保护他们不受伤害。在家中，我会显露出我善良的本质，努力用温柔征服并呵护这些关系。但他们未必会认同我所有的观点，因为我用的是自己的标准，常常没有考虑到家人的感受或身体状况。

从小我便知道做人要坚强，凡事必须要靠自己，所以我也希望对方是个坚强自信的人，我认为有自信便有能力，如果连自信都没有，那就是废人一个。我不断地训练自我，把自己变得越来越强大，一不小心就以为自己无所不能，可以支配任何状态下的环境和他人，以至往往忽略了别人内心的感受。别人与我在一起会觉得我很强势，虽然可以享受对我的依赖，但却受不了我的要求，又无力反抗我强大的力量，于是身边人对我的怨恨由此而来。

我也需要爱情、名誉和财富。我对自己所处的位置非常在意，喜欢在团体中掌握到权力的核心。我是务实主义者，但对于提升心灵层次的工作也非常喜爱，因为我想要的权力不一定是外在的地位，我更喜欢心理层面的权力，因为这种权力才是真正的"绝对权力"。

我从小便拒绝恐惧与脆弱，在我的人生字典中更没有"难"这个字。我总是勇往直前，毫不退缩，不计代价，但因为我常想强出头，而忽略了别人的感受，这时我不但不会道歉，也不会请求原谅。我太好勇斗狠，能掌控人与事对我来说实在太重要了。我讨厌虚伪，不管是对人或对事有什么不满，一定会当面发作，当场揭发，不给面子，非常直率。我很有自主力、意志力及决断力，但别人看我却是粗枝大叶、逞强好胜，而且富有攻击性，其实我也有温柔的一面，只是我不善于表达。多数时间我是粗心的，若是对方不说，我通常会以为没有什么问题，大家都活得很快乐，所以我的关心通常在别人表达之后才知道如何表现，但只要能力所及，我会用行动和物质来落实我的爱，因为我认为实际行动比口头安抚更重要。事实上，我给自己的座右铭是：敞开心胸接纳别人，而不要支配别人。放下高傲的心态，学习尊重每个人，并懂得世上最大的力量不是控制，而是爱，那么我便能健康地成长了。

领袖者的身体语言

如果在生活中你和领袖者有过交往，只要细心观察他们的行为，你便会读懂领袖者的身体语言。

1. 领袖者在动作上总是表现出领导的样子，所以他们不论是站着还是坐卧，身子都会不自觉向后倾倒，给人一种高高在上的感觉，时时刻刻透露出其独特的领导魅力。

2. 当领袖者走路的时候，就像是上司视察一样，抬头挺胸，给人一种气度不凡的感觉。

3. 领袖者的身体动作可以随情绪而有较大的变化，情绪稳定的时候，他们就只是安安稳稳地坐在那里，是一个耐心的理智者，但是也表现出自己的威严，比如双手抱在胸前，表明一切都在自己的控制之中。情绪高涨的时候他们会手舞足蹈，采用各种夸张动作，似乎在教导别人怎么做，来表现自己的控制力。

4. 领袖者的目光中常常透露着霸气。他们看人专注，习惯直视对方眼睛，给人一种随时都可能被惹火的感觉。他们的眼光富有侵略性，让人不寒而栗，他们的内心想法不自觉地就会从他们的眼神中透露出来，让人不敢轻易去招惹他们。

5. 领袖者面对任何人的时候，都是自信的表情，在这种自信里面还透出其严肃的性格。哪怕他给你一个微笑，也能从中看出一股威严和霸气的气势，让人们对他的形象难以忘记。

6. 领袖者非常注重自己的形象，不论是外在的衣着还是内在的品质，都要符合自己的形象。他们在衣着的搭配、款式、风格上都颇为花费心思。所以他们的衣服看起来都相当有身份感，而且也相当有威严。他们很舍得在自己的身上做投资，总会花费大价钱来配置一些高档的衣服，来彰显自己高贵的领导气质。

领袖者的闪光点和不足

领袖者身上最大的特点就是自信，他们愿意主动去保护自己的支持者，用自己的力量去带领别人面对挫折，愿意接受任何人的挑战，他们不怕失败，追求公平与正义，拥有强大的领导能力……这些都是我们从领袖者身上发现的闪光点。接下来我们去深度探索领袖者身上的其他闪光点吧。

1. 嫉恶如仇，崇尚正义。领袖者对待正义的追求是不变的，他们追求公平正义，勇于和那些不公正的势力做斗争，哪怕自己是那么的弱小，他们也有勇于反抗的勇气。

2. 不害怕冲突。领袖者有着追求正义的勇气，他们不害怕冲突，你越打压他们，他们反而越能站出来维持正义，因为他们不惧怕任何挑战。

3. 直率坦诚。领袖者是坦诚的，他们不会用谎言去欺骗你，喜欢打开天窗说亮话，将什么事情都告诉你。但是，如果你对他们说废话，他们会非常生气，所以最好让他们知道问题的解决方式。

4. 重情重义。领袖者有情有义，如果你是他们圈子的人，他们会尽一切力量保护你，但前提是你必须忠实和可靠。

5. 善交朋友增强影响力。领袖者重视朋友，喜欢当主角，常主动和朋友联络聚会。他们选择朋友眼光敏锐，可以很快发现能让自己获利的对象，这种眼光对他们的事业发展极为有利。

6. 富有领袖气质。领袖者喜欢改变，不喜欢被操控，有成为领袖的欲望。他们善于谋划，愿意承担责任，能为他人出力，是极具领袖魅力的人。

7. 有开拓精神的创业家。领袖者喜欢自己当家做主，实现自己的支配欲，有创业欲望；他们常胸怀大志，用梦想吸引他人加入；他们不惧挫折，愈战愈勇，是具有开拓精神的创业家。

8. 不知疲倦的工作狂。领袖者常常给自己设立一个长远目标，并且为之卖命工作，干劲十足，常常挑战自己身体的极限。

在别人的眼中，领袖者是一个攻击性极强的人。这都是因为他们敢于面对任何的挑战，而且还有极强的控制欲。

我们再来看看领袖者有哪些不足之处，需要我们引以为戒。

1. 对自己内心的愿望浑然不觉。领袖者一直都在追求正义、公平这些外部世界的大东西，他们希望能够掌握一切，却无法掌控自己的内心，无法知道自己内心真正想要的是什么。

2. 不能控制自己的愤怒。领袖者的控制欲很强,但是他们永远控制不住自己的怒火,极其容易发火,也许一点点的小事就有可能伤害到周围的人,所以,这个缺点很容易让其陷入糟糕的人际关系之中。

3. 过分寻求刺激。领袖者常常依赖酒精、香烟,喜欢无休止的狂欢,喜欢大的运动量,过度信赖速度和力量,消耗精力会感到充实。

4. 行事冲动。领袖者讨厌反复思考,享受掌控局势的满足感,有时会忽视自己的能力,逞匹夫之勇而造成一些遗憾。

5. 专横独裁。领袖者脾气暴躁,常常自以为是,即使让人家讨论,但还是要一意孤行按自己的想法来,可能会陷入偏执中。

6. 贪恋权力。领袖者对权力特别迷恋,没有权力时会努力减少对他人的支配,并且寻求机会建立自己的势力范围,但一旦拥有权力,则会最大限度地用权力去实现自己的欲望。

7. 喜欢报复。领袖者善于记仇,别人得罪了自己总要报复对方,为了报仇甚至有卧薪尝胆的决心和勇气。

8. 盲目自大。领袖者非常自信,由于过度自信,他们常把自己的优点最大化,把别人的优点最小化,从而陷入盲目的自大当中,轻视了别人。

九个层级的领袖者

第一层级:宽怀大度的人

第一层级的领袖者没有强大的控制欲,他们不会刻意去控制他人,具有同情心,所以他们总能无微不至地为他人着想,用自己宽容大度之心,去包容他人。

他们对自己有良好的约束力，不会放纵自己，知道自己应该做什么，不应该做什么，他们懂得忍耐和等待，对自己情绪也有良好控制力。

他们心怀善意，对他人大度，不会和他人进行对抗，给予他人更多的选择权和自由。他们本以为这样，自己对外界的掌控就会有所降低，但是，由于他们这种良好的品质，使得人们更愿意去听从他们的指挥，他们的影响力也更加强大。

他们坚持自己的梦想，有追求，有抱负，坚守自己的原则，不为外界的环境所改变，所以，第一层级的领袖者往往都能成就一番伟大的事业。

他们心地善良，对人充满爱意，每当看到他人辛勤劳作的时候，总想减轻他人的负担，他们希望世界上每个人都能过很好，做事的时候以众人的利益为己任，希望自己所做的事情能造福整个世界，给大家带去更多的欢乐，让大家的生活更加美满幸福。

他们天真淳朴、温和宽容，拥有一颗赤子之心，他们拥有独特的魅力，用自己善良的品质去感染更多的人与其同行。

第二层级：自信的人

第二层级的领袖者相信自己的能力，具有极高的自信心，他们相信自己可以掌控周围的一切。

他们相信自己可以掌控自己的命运。他们认为自己是独立的，相信自己不会被现实和他人所控制。他们按自己的思想去做事情，坚持自己的愿望，做自己命运的主人而不是奴隶。

他们相信自己有克服困难的潜能。他们很坚强，拥有极好的意志力，觉得自己是可以依靠的忠实力量。他们不惧生活中的风雨，勇敢面对一次又一次的挑战。每当美梦成真时，他们的内心往往变得更加强大，以至于他们变得如同超人一般。

在人群中他们总要把自己的能力展现出来。他们具有谋略和力量，内心充满各种各样的可能性。他们拥有敏锐的直觉和判断力，显得机智而又勇猛。他们认为自己能按照自己的方式去做事，可以更多地影响周围。因而在寻找各种各样的机会时，他们总是显得充满力量。

第三层级：建设性的挑战者

第三层级的领袖者喜欢掌控他人的感觉，所以他们总希望自己能够掌控他人和周围的世界，也正是这种感觉让他们兴奋，感觉自己是非常强大的，但是他们也非常害怕失去这种掌控，害怕自己变得弱小，害怕失去自己所掌控的一切，所以他们经常去面对挑战来彰显自己那强大的力量。

他们的才干喜人，常常为他人所依赖。他们为大家的利益而奋斗，是天生的领袖者。他们善于帮他人做决定，富有说服能力，善于激励他人，能将人们的积极性充分调动起来。

他们具有决断力，有谋略又有过硬的心理素质，善于审时度势并做出艰难的决定，能为结果负全责，他们的选择不一定是最好的，但一定是鼓舞人心的。

尊严和信任是领袖者所看重的品质，在他们看来，尊严是宝贵的财富，信任是一种精神上的最大鼓励。他们认为如果为尊严和信任而付出，最终才能真正锻炼自己的才干，同时认为如果一个人连这些东西都不在乎，也难以取得好的成绩。

他们寻求公平和正义，并且以此来衡量自己和他人的行为。他们在生活和工作中，常常会不自觉地做出维护公平和正义的举动。

他们富有远见，能够给别人提供成长的空间和挑战。他们富有权威，总是激励人们超越自我的极限，在平凡的生活中寻求不平凡的事业。他们挑战这个世界，最终成为众人心目中的英雄，值得每一个人敬仰和跟随。

第四层级：实干的冒险家

第四层级的领袖内心开始慌乱了，充满了恐惧和忧虑，但是在他人面前依旧表现得很自信，他们开始重视自己眼前的事情，每一件事情都力求做到最好。

他们变得很务实，要求自己成功，而不是追求卓绝的目标，他们满腔热忱，言语简练，工作努力，十分看重金钱的回报。他们要一点一滴积累属于自己的财富，构建自己的小王国。他们很难再去关心其他人，而是专心干属于自己的事。也许他们是友善的，但很难去尊重别人，也很难从心底去关心别人。他们变得不是特别在意合作，只关心他人能给自己带来的利益。

他们喜欢竞争，坚持自己的看法。不愿意显露自己的脆弱，在社会的各个领域显露头角。他们的身份可以多变，但是不变的是他们的控制欲，总是希望自己能够控制得更多，最难以忍受的是必须听命于人。

他们有承担风险的勇气，愿意挑战自己的极限。特别享受工作的乐趣，工作对于他们是热血沸腾的竞技场，是出尽风头的好地方，是显露胜利的最佳场所。

第五层级：执掌实权的掮客

第五层级的领袖者总是过于想要表现自己的理想，想要得到别人的尊重，想要控制他人，可是内心却感觉去控制他人越发艰难。他们把更多的精力投射到他人的身上，花费更多的精力去关注他人是否服从自己。

他们乐于表现自己的意志力，企图把每个人都置于自身所能掌控的范围内，自己就像国王一样，受众人的支持追捧。他们善于说服，而且善于用小恩小惠对他人进行收买。他们常常说大话，显示自己的强大，还喜欢做出很多并不实际的许诺，目的只是为了让别人听从自己的话语，但是他们却常常突破诚信的基本信条。

他们时时处处显示自己的重要。他们四处帮别人买单，出手大方，而且言语幽默风趣。他们只是想让别人知道，自己是多么不容忽视。他们表面风光的背后，其实是在恐惧，恐惧他人不随自己而去，不对自己表现出应有的尊重和服从。

他们常常把他人看作自己的工具，认为其他人只是为自己的需要而存在的。在爱情中，他们常常把自己的恋人或配偶当作玩物，只是为了让自己欢快而存在的一个人。如果他们是女性，常常会显示出超越传统的强势，甚至会被冠以"母老虎""母夜叉""泼妇"等不雅称号。

他们甚至可能对周围的其他人采取高压手段，要求别人服从。他们要求实现自己的权威，这样直接而大胆的强迫可能会导致激烈的对抗和冲突。他们的同理心在减弱，难以考虑他人的处境和感受，显得有些粗鲁和不近人情。

总而言之，他们把自己当成大人物，想支配周围的一切，因而冲突不可避免。他们期待支配，但是又对他人无比依赖，需要对方的支持。他们开始学会玩弄权术，成为执掌实权的捐客。

第六层级：强硬的对手

第六层级的领袖者态度是强硬的，他们总是强行地去支配他人，如果发现他人脱离了自己的控制，便开始强行施压去控制，试图让他人屈服，从而重新接受自己的控制。

他们身边的人开始抱怨和抗议，这使他们心神不宁，害怕周围的人挑战自己的权威。他们无比愤怒，觉得不能信任任何人，渐渐将自己和别人的关系看成了敌对关系。

他们随时准备战斗，不放过每一次斗争的机会。他们到处都是对手，他们不断对别人施加重压，甚至是进行威胁和恐吓，试图让他人受控于自己。

他们迷信于斗争，通过表现自己的强势而常占上风。在他们的狂轰滥炸下，他人常常主动缴械投降。他们常常虚张声势，对他人进行恐吓，想动摇他人的自信心。他们的表情是严厉的，言语是强势的，总之，他们表现得极富攻击性。但是他们也会分对象，只敢恐吓那些自己有把握控制的人，对于实力明显超越自己的人，却不敢轻易发生冲突。

如果可以给别人所需的好处，其权威常常能发挥到最好，因此他们对于利益特别看重，试图通过控制利益去控制他人。他们特别看重金钱，认为只有拥有金钱才能真正具有控制力，金钱会让他们感觉安全，也让他们感觉经济独立。同样的道理，他们对于权力也特别迷恋，金钱和权力是其实现控制的不二法门。

第七层级：亡命之徒

第七层级的领袖者总是要将一切都控制在自己的手中，所以当他人想要疏远或者排斥自己的时候，他们总会将他人强行控制在自己的范围内。

他们和周围的人斗争升级，准备不惜一切代价战胜其他人。在他们的强压政策下，他人开始不断反抗，于是他们便开始进行残暴反击。他们不再信任任何人，无法停止这种打击，害怕自己一旦停止，别人会给自己更大的伤害。

此时的他们是危险的，可以不择手段利用一切。他们为了达到目标可以牺牲友谊，牺牲合约，甚至放弃道德感和良知。他们热衷于使用暴力，而且不会犹豫不决。他们的心变得坚硬，不允许自己有丝毫妇人之仁，他们是无比残暴的刽子手。

他们无法停止自己的行为，只能变本加厉地进行攻击。就像玩命的赌徒，可以舍弃一切，对于报复有深深的恐惧。他们对自己拥有的资源和权力无比依赖，担心自己一旦失去这些，将会陷入最终的危险之中。

第八层级：万能的自大狂

第八层级的领袖者开始对世界进行报复，当然他们那残忍的行为也引起了人们公然的反抗，但是他们的内心对这些反抗并不在乎，总以为自己刀枪不入，总以为自己会取得胜利，他们就是万能的自大狂。

别人开始疯狂报复，他们担心的威胁变成现实，局面已经不能控制。但是经过一段时间之后，如果他们发现别人并没有把自己怎样，就会觉得自己是坚不可摧的，是不可战胜的，所以他们被称为绝对的自大狂，认为自己就是神，就应当拥有绝对的主权。

他们打击的对象很多，他们不惜牺牲无辜者的鲜血，不断杀鸡儆猴。他们要通过这一点证明自己的强大，不承认自己应当臣服于什么之下。他们认为自己不受这个世界所限制，认为自己超了人类、超乎道德和法律、超乎一切地存在。

他们大胆地为所欲为，相信没有什么能阻碍他们。他们内心深处依然有着强烈的恐惧，害怕别人会报复得更加强烈。他们无法止步，直到一种无法抑制的力量完全压制住他们，才会最终停止自己的暴行。

第九层级：暴力破坏者

第九层级的领袖者拥有强大的控制欲，可是他们发现周围的世界并不像自己所想象的那样，所有的人或事物都不在自己的掌控之中，所以他想要毁灭一切。

他们痛恨这个世界，只要能保住自己，就算是牺牲家人、朋友、亲戚、工作伙伴等其他人，都无所谓。

他们认为全世界都在和自己作对，自己所掌控的少之又少，所希望的臣服已经变成了毁灭，他们开始向世界进行攻击，他们要去毁灭，要去破坏。他们完全以自己的主观愿望为中心，既然不能彰显自己的意志，那么要么战胜一切，要么和这个世界同归于尽。

他们认为既然自己不能主宰这个世界，既然要与全世界为敌，不如将其毁灭，也许这是最好的选择。

想要成为领袖者朋友的几种方法

领袖者喜欢控制别人，他们希望周围的一切事物都能在自己的掌握之中。他们说话办事总是直截了当，从不给人拖泥带水的感觉，所以他们也常常用同样的方式去约束别人。

领袖者追求公平与正义，所以他们常常为了求得公平而进行抗争。他们经常对他人提出自己的观点，但是却很难听进其他人的意见。他们说话的时候往往是不会去考虑后果的，比如自己所说的话是否侵犯了他人，自己所说的话会产生怎样的后果等。也许只是一句无心之话，他们可能会让他人丢了尊严，但由于他们非常注重自己的尊严，所以要求你可以不喜欢他们，但是不能不尊重他们。

其实，当你了解领袖型人格特征之后，你就会觉得与他们相处并不难，只要你注重以下几种方法，也是可以和他们成为好朋友的。

1. 如果领袖型的人是你的经营伙伴，一定要把经营规则告诉他们，切不可保留，而且要征求他们的意见。否则，他们会感到是被别人支配了，会产生不悦和抵触情绪。

2. 他们的自尊心极强，经受不了羞辱，如果谁取笑他们，他们会恨之入骨，当场进行反击。过后还会记恨。所以，即使你发现了他们很多可笑和可气的地方，也不要以讥讽或取笑的方式对待。必须说时，也要很礼貌、措辞适当地表达。

3. 如果你需要他们的帮助，一定要说出你的真实用意，把要求他们的事直接说出来，不能拐弯抹角。他们对任何可能的操纵都会做出负面反应。如果他们认为你还有其他用意，就会觉得自己被你利用了，那么，你求他们的事情就办不成了。

4. 指责别人，顽固地坚持自己的见解，是他们感到安全的投入方式。当你和他们交谈或研究问题时，如果感觉他们是在与你争论或者向你进行攻击，不要急于还击，要再深刻地体验一下，你的感觉是否确实，他们此时是否怀有恶意。如果确实是那样，而且你觉得受到了威胁，就要把你的感觉告诉他们。

5. 在和他们谈论问题的时候，要用简短的语言去诉说你的观点，这样他们会很用心地倾听你的建议。如果他们发现你并没有提出好的解决方案，那么他们便会对你产生反感。

6. 不要对他们说谎，因为这是对他们领导才能的不信任，他们便会对你进行攻击。

7. 如果他们有句话不小心伤害了你，你一定要告诉他们，因为他们可能是无心之谈。

领袖者的职场攻略

职场关系

领袖者在职场关系中的关键问题就是控制权的问题,他们喜欢掌控的感觉,因此他们职场关系中不变的旋律就是对控制权争夺的拉锯战。

领袖者的职场关系主要有以下特征。

☆领袖者坚持自己是正确的,他们希望一切按照自己的想法去办。

☆领袖者是天生的领导者,一方面他们可以强势去侵犯他人的地盘,另一方面又要保护自己地盘当中需要照顾的人。他们总是善于集中盟友,打击共同的敌人。

☆领袖者特别关注盟友或下属是否值得信任,他们最担心内部的纷争。

☆领袖者常常会和其他人进入对抗状态,他们习惯于通过斗争而不是谈判来解决问题。

☆领袖者总希望全面占有信息,只有这样,他们才会有真正的安全感和掌控感。尽管坏消息常常让他们大动肝火,但是如果他们发现自己是一个不知情者时,就会觉得自己被欺骗了,反而会更加生气。

☆领袖者常常具有较强的项目推动能力,有他们在,项目常常能顺利完工。

☆领袖者有干涉别人工作的倾向,他们常常喜欢按自己的一套来办。

☆领袖者对于下属的错误常常是不留情面地加以批评,甚至不给对方改过自新的机会。

☆领袖者常常是规则的制定者，但同时也是规则的打破者，他们是"只许州官放火、不许百姓点灯"的专制领导者。

☆领袖者常常更加关注对人的控制，对于具体的事件有时候反而比较疏忽。

☆领袖性格的领导者常常很有架子，在员工面前有威严，但显得不够亲切，员工和其在一起会有一定的疏离感。

☆领袖者常常通过发火来表明自己的控制欲，但这也可以显示他们内心的恐惧和紧张。

☆领袖者常常通过斗争来获取信息，他们从来不惧怕斗争，他们是斗争出真知的支持者。

适合的环境

领袖者因为其独特的性格特点，也决定了他们对一些环境能够很好地适应。

领袖者不愿被控制，希望操纵一切，因而担任指挥者、管理者和领导者都是比较称职的。

领袖者喜欢体现自身重要性的工作，因而那些需要勇气和智慧面对冲突的工作也很适合他们。

领袖者喜欢挑战和竞争，喜欢那些让自己有机会表现胜利的环境，他们常常是很好的销售人员、武术运动员、企业家和高层官员。

领袖者不怕吃苦，只要是他们认定的工作，常常能够脱颖而出，可以成为各个行业的优秀人才。

不适合的环境

领袖者因为其独特的性格特点，在一些环境中很难适应。

领袖者不喜欢需要严格遵守规则的地方，那些受规则或者传统约束的环境，常常不适合他们，比如一般的办公室工作人员、行政人员和基层公务员等。

领袖者不喜欢那些被外在力量所操控的环境，不喜欢被操纵的感觉，也不喜欢待遇不公的地方。

别冒犯领袖者的等级制度

领袖性格的领导者本身是一个桀骜不驯的人，一方面他们常常会是规则的制定者，另一方面又会是规则的打破者。他们本身具有较深的等级观念，希望自己的下属服从，即使是对自己下属的下属，也希望他们能够服从固有的制度，这样一切才会显得有秩序。

对于注重职场等级制度的领袖性格的领导者来说，下属越级越权的行为是他们的大忌，他们会觉得下属是一个野心勃勃的人，那么他们会深深防备，并且希望找到机会去疯狂打压，直到这个下属臣服于他们或离开为止。

以纪律和实力，赢取领袖性格的员工的信服

领袖性格的员工总是表现得像领导者一样，而把真正的领导者撂在一边。他们喜欢掌控他们的地盘，而且他们天性总是试图对外扩张领土，而且他们的控制欲让他们可能去反对权威，会给他们的领导者带来潜在的麻烦。

为了防止你的领袖性格的员工一点一滴侵犯你的领土，面对他们你可以

透露出自己强悍的一面，甚至可以进入他们的领地不断试探。你要为他们设立清晰的限制，这样可以让你对他们产生一定的威慑力。而领袖性格的员工是那种在面对界限和惩罚时，反而能表现更好的人。

要想赢得领袖性格的员工真正的信服，领导者就需要让领袖性格的员工了解你超凡出众的能力，让他们知道你不同于一般人，让他们知道你的独一无二、你非凡的战略眼光、你丰富的知识及技能、你非同寻常的专家影响力、你所拥有他们没有的实践经验。这样领袖性格的员工不仅会心甘情愿地接受你，而且会做出异乎寻常的决定去追随你。

偶尔也要和领袖性格的客户"硬碰硬"

领袖性格的客户的讲话风格常常非常强势，他们总是直截了当地进行要求，显得粗鲁。甚至他们会对着你的产品和你本人指指点点，大声吼叫，和你讲价的时候，也会显得比较凶，一些比较胆小的营销员甚至会被他们的强势所吓倒，在他们面前战战兢兢，这是没有必要的。应该认识到他们的特点，没有什么可怕的。面对强势的领袖性格的客户，营销员需要的是冷静的头脑，因为只有冷静的头脑才可以做出最佳的判断，找到领袖性格的客户的弱点，让他们被你所征服。

领袖性格的人是硬派人物，他们不喜欢懦弱的人，会通过不打不相识的方法赢得朋友。因此，人们在向他们销售产品的时候，可以改变一下自己的策略，既然礼节性的东西他们不接受，那么你也可以采取冲突的方式，大胆地和他们"硬碰硬"，表现出你强硬的一面，这样说不定反而赢得他们的尊重，那么成交就是迟早的事了。

恋爱中的领袖者

领袖者的恋爱关系

领袖者在恋爱关系中，常常喜欢控制对方的一切，不希望恋人控制自己的生活，但在找到安全的感觉时，他们也有可能屈服于对方，并且把自己当作恋人的一部分。

一般来说，领袖者的恋爱关系主要有以下一些特征。

☆领袖者习惯于按照自己的喜好去行事，不习惯于征求恋人的意见。

☆领袖者习惯于监督自己的恋人，希望恋人的行为在自己的控制当中。

☆领袖者常常选择比自己弱小的伴侣，他们希望一切都在控制中。

☆领袖者习惯于保护自己的恋人，像保护自己一样去保护他们。

☆在困难当中，领袖者常常是坚定而有力的依靠。

☆领袖者常常不允许自己表现得柔情蜜意，他们逃避自己的脆弱情感。

☆如果领袖者受到伴侣的伤害，他们常常会选择报复。

☆领袖者不害怕和伴侣争吵，相反，他们还把争吵当作双方沟通思想的手段。

☆领袖者习惯于承担保护者的角色，他们不习惯被人呵护。

☆领袖者也可能放下武装，认可自己的伴侣，成为一个真诚的爱人。

爱情的甜蜜与强势无关

在爱情中，领袖者常常显得过于强势，他们常以对方认输作为停止冲突的条件。他们在爱情中具有强硬的风格，很难表现自己的甜言蜜语，也不愿意表现自己内心的软弱。他们认为一旦示弱就会破坏自己构建的强势形象，让伴侣觉得自己好欺负，甚至会遭到恋人的厌烦。

然而，真正甜蜜的爱情生活，一方压倒另一方是不需要的。在爱情的世界里，只有从内心深处发展出来的爱，才是真正力量的源泉，也才能真正酿出爱情的甜蜜滋味。对于习惯强势的领袖者来说，适当地控制自己对伴侣的掌控欲，尊重伴侣的想法，才能享受到爱情的甜蜜。

不要忽略爱人的感受

领袖者常常专注于自己的欲望当中，去体验自己对生命的掌控感，但是他们却可能常常会忽略伴侣内心的感受。

领袖者认为"人应该自己争取想要的一切"，如果伴侣不主动表达自己的好恶，他们就会把伴侣的表现看成是认同，并且要求对方支持和配合自己的决定和行动。

领袖者对伴侣认为忽略自己的埋怨通常不予理睬，也不采取行动去进行安慰，他们认为一切都是对方自己选择的，所以理应承受应有的结果。如果对方一再强求，他们甚至会觉得对方不可理喻，并且会以极端的态度去对待对方。但是人与人之间情感的沟通，是通过交往得以维持并向更为密切方向发展的重要条件，领袖者也需要学习重视伴侣的感受。

不要过度干涉伴侣的自由

领袖者在爱情中比较强势，经常会干涉自己的伴侣，有极强的控制欲。他们肆无忌惮，把伴侣呼来唤去，随意支配或干涉伴侣的思维和行动。他们的大男子主义或大女子主义显露无疑，一味要求对方妥协，他们的伴侣通常没有真正的自由。

领袖者的伴侣常常非常痛苦，不能做自己命运的主人，没有自主权。殊不知，自由是每个人都需要的，只有给伴侣足够的自由，才可能产生真正的爱情，而领袖者也才能真正得到爱情的幸福。

给领袖者的建议

学会提高你的自制力，虽然克制对你来说有一定的难度，但在必要的场合一定要能够控制自己，这样的你才能成为情绪的主人，充分地掌握自己的命运，在别人与你的竞争和对你的攻击中显示出真正的力量，相信你能够很好的激励别人，提升团队的凝聚力，帮助团队和每一个人渡过难关。

要重视身边人的需要和想法，毕竟你不是世界上唯一的人，如果你忽视了别人，就可能会失去别人对你的尊敬和崇拜，如果你待人不公，就会招来大家心里的不满，即使碍于情分不表现出来，也会记恨在心里日后找机会报复。

该收手时就收手，虽然在你的领导之下团队走出了困境，或者有你的指挥会让团队表现得更加出色，但是要警惕你日益膨胀的权力欲望，如果真的让这种欲望无限膨胀，就意味着你想要控制每一个人，不光是行为还有思想。所以适当放手，让别人去做一些，要相信他们完全有这种能力。

领袖者的一个特点就是不想依赖别人，凡事希望通过自己的努力来完成，但是要知道在社会的大熔炉中，没有谁是能够脱离他人的劳动而独立存在的，即使你有超人的能力和很高的智商，你也一样需要别人来协同工作，因为他们虽然是在你的领导和指挥之下，但是他们所完成的工作是你不能取代的。所以不要幻想自己能够取代一切人，如果真能那样，你的领导就失去了意义。

臣服于他人对领袖者来说是很难接受也不愿接受的，除非这个人是天上的神，但问题是，像神一样的人有吗？这样的人多吗？你是不是打算永远都用一种俯视的姿态去面对别人呢？这样的态度显然是不利于你的长远发展的。所以有时需要尝试着放低姿态，去接纳别人，学会欣赏别人。

你的处事风格将决定你获得的地位和成就，你有为大家创造机会的能力，当你用这种能力为别人创造希望时，会赢得大家的尊重，如果你对所有人一视同仁、宽容豁达，就会获得更多的盟友。如果你不能够信任他人，还不断质疑别人的忠诚，那就很难得到别人的认同。所以你的态度影响着别人的态度，这种作用是相互的。

11

平心定气的和平者

案例分享

李刚是一个态度温和的老板，他在生活中就像是大哥哥一样，关心我们，给予我们帮助，教导我们如何去学习、生活、工作。他很少发火，总是微笑地去面对顾客和同事。他有良好的人缘，即使是上下属的关系，他也能处理的非常得当。所以，他在公司与很多客户的关系都非常好，也有很多顾客欣赏他的为人而选择与公司长期合作。

虽然，他总能处理好人际关系，但是却有一个缺点。那就是——不着急，他做任何事情的时候都是不着急，他虽然不着急，却让我们这些员工都为他着急。

和平者的新名字：温暖人心的橡皮泥

和平者就像是橡皮泥一样，遇到不同的人总能保持着各种形态与他人交往。他们态度温和，注重别人的感受，遇事不着急，认为船到桥头自然直，不需要着急。他们喜欢大自然中的宁静，没有野心，目的性不太明确，在与人交往的时候可以去迁就他人。但是，他们也是有思想的，当别人触犯到他们底线的时候，也会对人发怒。

由于心性宽大、不记仇，所以他们的情绪常保持在自然、平稳、淡然的状态。他们常逃避不好的感受，根本不去碰触，除非对方真的太过分，他们才会表现出一些含蓄的反击，否则不容易有太多的感受呈现出来。

他人眼中的和平者

和平者就是典型的老好人，他们性情温和，待人和善。不喜欢与人冲突，也不爱凸显自己，他们个性淡泊，不喜欢与人争锋，在社会上显现出退让而圆润的状态。他们喜欢与人为伍，但也只是埋落在人群之中，不易在人群中分辨出来。

他们喜欢和人相处，不愿表达出自己的要求，总喜欢配合他人去做事情，他们不在乎自己先做什么后做什么，也不在乎所做的是不是自己的事情，只要自己所做的事情能得到同伴的认可，他们都觉得自己的行为是值得的。

和平者眼中的自己

我喜欢平静的生活，不需要太快的节奏，希望自己能够帮助他人解决生活中的困难。我喜欢和他人接触，而且希望能够以诚相待，一视同仁。我支持我的朋友，并愿意成全他们，而不是成全自己，我的自我意识是建立在别人身上的。

我喜欢每天做相同的事情，这样生活比较安详。我也喜欢平淡的消遣，像是舒服的运动、做手工、下棋、看电视等，这些活动可以暂时麻痹自己，忘却外来的刺激。我欣赏超然，喜欢与大自然"交心"，喜欢置身事外，凡事不强求，表现一种淡然的生活态度。这也是我的生活哲学。我擅长漠视生命中所遭遇的问题，但是又容易缅怀过去，沉迷于往事，这时候自己的情绪和常理发生冲突，心底深处就会有说不出的困惑，只好让我的内在麻木。

在团体中我是一个非常友善的人，就像温和的巨人，善良、高大、被动、强壮，但从不伤害弱小者。我的和善可亲很容易得到别人的信任，但在人际关系上我比较淡漠，在情感上习惯把自己隔离起来，保持低调的态度并且规避别人视为理所当然的情绪起伏，因为我不希望有太多改变。我很乐意配合其他人所做出的决策，因为我不想负责。我通常喜欢选择做中层主管，因为这个职务有挑战性，能带来名利，还能够保持内心的安宁，如果做高层主管的话，要面对的压力、责任和争执就太重了。

我不爱惹事，因为我不想面对冲突与问题，更不想面对事情所带来的罪恶感。生气时我一般只是摆一张臭脸，想抗拒可能发生的现实问题，以至有些人认为我不好相处，其实我是把内心的大门关起来，只要亲近的人无法近身，我就可以保持内心平和的错觉。依赖我的人会非常失望，所以我有可能为了自己的平和，总是不采取行动，而牺牲了自己的感受，也伤害了我的亲人，因为不采取行动有可能连基本的责任都没有尽到。

当我坚持自己的看法，他人也对我的看法给予认同的时候，我就会发生改变，我不再因为害怕失去祥和美好而对别人百依百顺。我开始变得主动，主动去做决定，可是当我去做决定的时候，内心却是翻江倒海一般，我不知道自己该如何去做出决定。我害怕自己的努力不被认可，所以宁愿左思右想，也不愿意去做出决定。

和平者的身体语言

如果在生活中你和和平者有过交往，只要你细心观察他们的行为，便会读懂和平者的身体语言。

1. 和平者就像是菩萨一样，总是保持着和善的面容，他们心地善良，常常给予他人微笑。

2. 和平者的心境是平和的，他们不会大喜也不会大怒，害怕自己的快乐引起他人的不安，也害怕自己的大怒引起他人的大怒。所以，当他们遇到大喜的时候，也会让自己看起来很平静，当他们遇到大悲的时候，也会尽量调节自己的心情，让自己看起来不会那么凶神恶煞的样子。

3. 和平者的身体动作常常迟缓，不是生龙活虎的感觉。他们做什么事情总是慢腾腾的，似乎时间对他们来说总是绰绰有余。他们的身体动作让人们感觉到其内心似乎是很平静，而且没有任何烦心的事情。他们认为自己如果表现得激动，会让他人不安，他们也不会选择静止，害怕别人说他们不作为。他们只是处于中间状态，情势急迫时，可以很快行动，一旦没有压力，则会尽快停止下来。

4. 和平者看起来懒洋洋的，如果能够慢走，绝对不会选择快跑，如果能够站着，绝对不会走，如果能坐，绝不会站。他们的身体是柔软无力的。

5. 和平者穿衣总是给人以随和的样子，他们不讲究自己所穿衣服的品牌、样式、价格，在他们的穿衣要求中，只要衣服能满足基本的要求就行。所以，和平者大都穿宽松舒适的衣服。当然，他们也懂得在不同的场合要穿不同类型的衣服，但是，他们所改变的装束依旧是以简单为主，而且比较大众。

和平者的闪光点和不足

和平者的性格特征温柔、友善、忍耐、随和。他们只希望自己能过上安逸舒适的生活。他们的内心世界变幻不定，很少有人能够真正去了解他们的内心。他们虽然很容易来改变自己的性格，但是身上的闪光点是不会改变的。

1. 善于调解冲突。和平者就像是天生的法官一样，他们能公平对待他人，态度随和，常常能理解冲突的任何一方，从而去进行调解。

2. 毫不利己，专门利人。和平者是一个真正大公无私的人，他们做事情的时候往往都将他人放在第一位，可以无私地为他人做事情，希望能帮助他人得到想要的一切，在他们看来这样可以为他人带来真正的和平。

3. 闲适的人生态度。和平者总是保持着淡然的态度，他们面对生活宠辱不惊，经得起生活的起起伏伏，不喜欢争名夺利。他们拥有闲适的人生态度。

4. 善解人意。和平者善于倾听别人的内心，能非常容易感知别人的需求，也能在真正意义上帮助别人。

5. 个性随和，富有亲和力。只要满足和平者最基本的底线，他们在待人方面就会非常有弹性，亲切随和，让你感觉不到什么压力。

6. 思想富有创意。和平者的内心是开放的，因而他们接受的信息也具有包容性，丰富的信息也让他们具有较丰富的创意源头，可以想出一些好方法和好点子。

7. 善于捕捉闪光点。和平者善于欣赏事情好的方面，也能迅速发现他人的优点，是捕捉闪光点的一把好手。

8. 适应能力强。和平者认同周围的世界，可以接受现实生活中的优缺点，不挑剔，所以适应能力比较强。

虽然和平者面对任何事情都有一种淡然的态度，但是有一些不足也会阻碍和平者的发展。只有和平者突破这些不足，那么他们才能有更远的发展前程。

1. 缺乏积极主动精神。和平者有听天由命的思想，不太相信自己能够改变什么，不能做到积极主动，这样他们会有些不思进取，难以成就事业。

2. 自我迷失。和平者常常关注周围的和谐，能很清楚地了解他人的内心和需要，但是对自己的内心，由于长期压抑，反而看不清，容易陷入自我迷失的状态。

3．缺少自我规划能力。和平者常常不能辨明自己的目标，不分主次，容易陷在日常的琐事中间，而且对时间常常不能科学安排，缺乏自我规划能力让他们难以获得成功。

4．志大才疏。和平者常常怀有高远的理想，有安邦定国的幻想，但是目标常常流于宏大，不具体，不能够落实，而且在现实中由于害怕冲突，常常缺乏勇气实现自己的理想，常留下志大才疏的遗憾。

5．优柔寡断。和平者在选择的过程中，总是犹豫不决，他们害怕选择，害怕自己的选择给他人造成伤害，害怕自己的选择影响了周围的和谐，所以，在做决定的时候，他们往往优柔寡断难以抉择。

6．害怕冲突，自我牺牲。和平者害怕冲突，所以当他们一见到冲突难以消除的时候，宁愿舍弃自己的利益，也要换得和平。

7．逃避问题。和平者喜欢逃避，当他们面对压力和困难来袭不能解决的时候，会选择逃避，希望困难能够自行消失。

8．自我麻醉。和平者为了维护自己那所谓的和平，常常会选择牺牲自己。但是，有时他们只是自己以为和平，并未解决实际问题从而陷入到自我麻醉的状态中。

九个层级的和平者

第一层级：自制力的楷模

第一层级的和平者拥有强大的自控能力，能够轻松控制自己，而且他们能够将世界的和平和自己连接在一起。他们相信，只要学会控制自己的内心，就一定能给世界带来和平。于是，他们找到了使内心平静的钥匙。

他们向世人展示了什么是真正的自律，什么是真正的自制力。他们建立自我形象，独立自主，不用虚假的和平观念来蒙蔽自己。他们追寻自己的原则，懂得自己，知道自己的道路该如何去走。他们能平淡地去面对自己的内心，不急不躁，不被罪恶的想法所蒙蔽。他们将自己奉献给世界，不求回报，而且在人生的道路上永远不会迷失。他们肯定自己的价值，也对他人的价值和尊严给予肯定。他们的爱是发自内心的爱，所以在人生道路上，他们永远是最亮丽的风景。

他们和这个世界和谐统一，不仅是独立的人，也是依靠世界的人。他们有坚定的自我，却又投入无我的自然法则中。他们追求和平，和这个世界联系在一起，相互扶持，但依然闪耀自己独特的光芒。他们欣赏这种和世界联合在一起的状态，他们克制自己，但又坚持最大程度的自由。他们紧密地和世界联合，作为世界当中独特的个体，为世界的运转发挥独特的作用，展现自己应有的价值。

该层级和平者的自制和自律精神是人格类型当中最难得的，他们是统一的，与周围的环境也是统一的，这种自律是和谐的，也是神秘的。他们是当之无愧的自制力的楷模。

第二层级：有感受力的人

第二层级的和平者并不像第一层级的和平者那样，有高度的自我意识，他们对无我的世界有所感受，跟随大自然，认为自己是大自然的一部分，他们总用无私的眼光去看待世间的万物，用自己的感受力去感受世界。

为了追求内心的和平，他们倾向于把自己的地位降低，因而自我之位有所迷失。他们的自我迷失常常在于其幼年经历，幼年时，他们过于认同父母或当中的某一个人，不希望和他们发生争执，以免造成不和谐的局面，于是屈从于父母的想法，把父母的想法当成自己的想法。

他们的这种认同成为一种习惯，对周围的人也积极认同。他们具有博爱的思想，因而生活中很少有不和谐的声音。他们对于突然而来的压力具有容忍力，和人交往不用心机。他们不会占别人的便宜，也不会欺骗和使用暴力。内心如同一块透明的美玉，甚至不能理解别人为何狡诈。

他们对他人有着天然的信任，乐观地看待周围的一切，对生活充满信心，对他人有着发自内心的信赖。他们的内心可以包容靠近他们的人，让别人受伤的心得到抚慰。他们没有架子，平易近人，对人宽容，注重他人本性的自由完善和发展。他们不给人压力，毫不利己，专门利人，但对于他人的认同并非一视同仁，也会有一些程度高低的排序。他们爱君子，对君子彬彬有礼，会给予更多的认同；对于小人，他们不会厌恶，甚至会给予一些应有的好处，但是不会和小人走得太近。

他们热爱自然，对自然中的一花一草、一树一木、一鱼一鸟、一泉一石，他们都能感受到其独特的魅力，并乐于融入当中。在他们的眼里，万事万物都有自己的神秘和独特，都是其中的一个有机组成部分。他们看淡生死，不惧疾病和年老，愿意跟随自然的节奏，踩着世界本来的节拍，快乐地跳舞和歌唱。

第三层级：有力的和平缔造者

第三层级的和平者将生活作为自己的主旋律，他们的自我地位开始下降，接受周围的一切，对生活充满美好、和平的向往，并且愿意为之不断努力和奋斗，他们认为只要自己不懈努力下去，世界会更加和谐地运行下去。

他们具有很强的同理心，能够深入他人的内心深处，知道他人的心情，清楚他人渴求什么，也了解他人恐惧什么。他们可以迅速找到不同事物的共同点，因而是求同存异的专家，纷争常常被他们化解于无形之中。

他们能够安慰受伤的心灵，能让火药味十足的场面变得平和。他们让大家的眼界看到更多现状的光明，引导人们走出阴暗的角斗场，来到和平的田野。他们性情温和，惹人喜爱，愿意全心全意支持自己周边的人。他们对他人了解、关心和支持都做得非常到位。

他们的态度诚恳，在需要讲话的场合，常常比其他类型的人更加直率。他们不怀恶意，不为自己，只求周围的世界真正和谐。

尽管他们并没有十足的冲劲，也没有强硬的观点，但是常常能造就一个宽松的环境，思想具有兼并包容性，鼓励百花齐放，百鸟争鸣，这样的环境常常可以促进他人获得最大程度的发展。

他们不显山露水，也许会被你忽略，但是和平现状的背后，常常有他们忙碌的身影。他们的世界很精彩，是有力的和平缔造者。

第四层级：迁就的角色扮演者

第四层级的和平者和其他层级相比，他们的状态发生了变化，和他人的关系也开始处于比较畸形的状态。但是也正是因为他们处于改变的状态，依然具有谦让的品格，总能迁就他人，礼让他人。

处于这个层级的和平者，开始担心和害怕自己的行为，认为有可能损害和谐，于是他们就开始降低自己的欲望，试图迁就，但是这样常常也会产生一个问题，那就是别人也难以知道他们到底要什么，他们对一切问题的答案都是"随便"，或者是"你看着办吧"等，这样下去的话，别人常常不自觉地触碰到他们的底线，让他们受到本不应该承受的痛苦。

他们降低自己的要求，在生活各个方面不挑剔，也不讲究条件。他们的问题在于，要知道在社会中，每一个人都有自己独特的位置，这个位置是社会强加给你的，逃也逃不掉。但他们在这个位置上，常常只是为了获取和平的心情，迁就周围人的要求，不会采取主动的心态去扮演好自己的角色。

于是，他们开始自我泯灭，成为别人要求下的复制品，成为别人希望的样子。他们在长期不断地被复制的过程中，常常不能够区分自己的愿望和环境强加给自己的要求有什么区别。

在婚姻中，他们变成妻子要求的丈夫，或者丈夫要求的妻子；在工作中，他们成为老板要求的职员；学生时代，他们是老师期待的学生。他们不断地服从社会和他人强加给自己的角色，不断地迁就，这样就逐渐变成一个普通人。他们的衣着普通，穿着依照社会习俗，行为保守，缺少自己的坚守，成为迁就的角色扮演者。

第五层级：置身事外的人

第五层级的和平者就像是深山里的隐士一样，将所有的事情都置身世外，并不是他们不愿意去接受，而是因为内心的自我位置降低了，他们总觉得自己所做的事情是无法改变的。总是选择逃避，希望所有的事情能够自己完成，即使当他们去做事情的时候，也是心不在焉的。

他们做事的态度是粗心大意的，对周围的世界感觉冷漠。虽然他们对人友善，但是自己却并不刻意去追求。他们的大脑懒得思考，身体懒得行动。他们不希望去做事情，觉得事情似乎都和自己无关，什么事情都难以引起他们真正的兴奋。

他们的思想常常不去关注自己的周围，而是关注自己内心的小幻想。现实世界似乎离他们很远，很可能喜欢讨论形而上的问题，或者那些关于概念和符号的思想层面的东西。他们不愿意接触现实世界，除非事情找上门来，让他们必须去解决。他们对自己的现状很满足，不愿放弃固有的生活习惯。他们不喜欢生活，他们的生活原则就是"不去生活"。

他们不关注这个世界，但是总有事情会发生，这个时候，他们的内心常常无法平静。他们会觉得焦虑，但不敢直接面对自己的焦虑，去正视这些问题，常常用一些事情转移注意力，比如说不停地吃零食，看一看无聊的电视剧、蒙上头呼呼大睡等。只要问题不在心中，那么只当问题不存在就好了。他们无力解决问题，反而成为问题的一个部分，让事情的发展更加恶化。

他们试图不做事情，进而压抑自己的要求。其实他们的内心充满着愤恨，厌恶自己的无力，不能作为，不能够坚持自己的想法。他们也厌恶他人，因为别人给自己太多的不公，也不能理解自己所做出这么多的牺牲，却得不到他人的支持和认同。他们认为自己如果不去做事情，或者做事情的时候不去思考，那么就万事大吉了。

他们置身事外的态度让亲近的人不满，和他们在一起，感觉不到热情和活力，感觉不到付出，感觉不到积极主动的态度，这样别人也会选择远离他们。

该层级的和平者习惯置身事外，他们会慢慢地排除在大家的生活之外，那种不参与和不积极的态度，常常让他们的生活处于矛盾之中。

第六层级：隐修的宿命论者

第六层级的和平者内心是平静的，他们只想过平淡的生活，如果在生活中出现了问题，也懒得理会，因为他们总想看老天安排，并不会主动去解决这些问题。他们是宿命论者，因而和世界隔离，认为只要耐心等待，一切都会好起来的。

他们认为，发生的事情没什么大不了的，自己也没有必要为了这些事去努力，自己内心平静挺好的，没有必要去打破它，一切都有天命。他们从来都做不到尽力而为，因而接受一切顺其自然的态度，无论自己周围的情况有多乱，自己面临的事情有多糟糕，他们都坚持无动于衷。

即使他们因为害怕冲突而行动，常常也只是做个样子。他们习惯性地选择逃避问题，认为过一段时间后，自然会好起来，但是问题依然还在那里，而且事情也变得越来越糟糕。

他们在别人试图提供帮助时，会变得固执，甚至生气，认为别人太慌张了，事情没什么大不了的，一切都会过去的。

他们无时无刻不在期待奇迹的发生，觉得以后会越来越好，但是他们不知道，既然选择了一个方向，那么以后很可能就是一条道路走到黑，期待奇迹实在是不靠谱的事情。

他们表面良善，但是内心其实并不爱人，甚至也谈不上爱自己。他们看重的只是和平，以及内心的平静，认为一切事物都应该为这一点让步。他们可以牺牲自己的妻子、儿女、朋友、父母以及一切身边的人，甚至可以牺牲自己，不管这些人因为自己的不作为有多痛苦，只要自己能够平静，那么一切就无所谓了。

他们这种行为，常常让其周围的人感到痛苦。他们不能建立坚强的自我，只会让命运来安排。他们不知道，自己是命运的一部分，三分靠天命，七分靠打拼，爱拼才会赢，如果不明白这些，只能成为隐修的宿命论者。

第七层级：拒不承认，逆来顺受

第七层级的和平者内心依旧保持着对和平的向往，但是他们却不愿承认自己有问题，当自己受到他人惩罚的时候，也不去进行反抗，通常情况下会选择逆来顺受，因为他们认为和平是最为重要的，如果进行反抗可能会引起更大的矛盾，不如逆来顺受。

他们面对问题时选择的是防御，因而缺乏主动进攻的精神。他们会坚持自己内心的和平，会防御别人来打搅自己的内心。如果他人因为自己的不作为而来批评自己，那么他们常常会勃然大怒，认为别人侵犯了自己的内心领域，如果别人要求自己做事，那么他们也会觉得对方在干扰自己，让自己焦虑。他们会痛恨那些给他们带去问题的人，宁愿采取死不承认的态度，哪怕天塌下来了，只要自己装作没看见，那么一切还是太平的。

面对别人的惩罚或者进攻，他们常常会采取逆来顺受的办法。不仅把自己看得不重要，而且把别人欺负自己、侮辱自己、侵犯自己、虐待自己，都给一一贴上正当的标签。他们内心也有愤怒，但是，这种愤怒相比于和平，显得不重要，所以还是忍着吧。

终究有一天他们会发现自己的逆来顺受带来多么严重的后果：因为自己的疏忽伤害了多少人，因为不作为让多少人为自己痛苦，自己忽视了多少责任，自己到底爱过谁。除了那虚假的和平，一切都已经晚了，他们可能会绝望、焦虑，甚至会选择自杀。

第八层级：抽离的机器人

第八层级的和平者在面对生活的困难和压力的时候，总是感觉那么地脆弱，一点点的压力就让自己感觉已经到了无法承受的地步，但是他们的内心依然坚守着和平理念。而在生活之中，他们又像是机器人一般，没有了自我意识，平淡地去面对生活中的点点滴滴。

他们仿佛初生的婴儿般经不起任何震荡，仿佛一个受苦的人，希望时光倒流，重新回到母亲的子宫，期待自己永远不要长大，期待自己回到无忧无虑的童年。他们的肉体在行走，但思想已不在。

他们的大脑经常性保持空白，也会陷入无休止的回忆当中。有时候他们会选择歇斯底里地大哭，内心埋藏着重重怒火。他们似乎在等待着有人点燃自己，因为身体内部，装满了炸药。

他们不仅仅要逃避现实，也要逃避自己。生活当中充满了危机，他们实在不愿意去面对这一切的东西。作为一个抽离的"机器人"，他们要和周围的一切脱离联系，要让自己的大脑不去思考这一切的东西，这样，无论什么东西都不能再打搅他们了。

在他们看来，自己只是生活在梦中，不用害怕，因为一切都只是在做梦，自己是在睡眠当中，醒来以后，那么一切就都无所谓了。

第九层级：自暴自弃的幽灵

第九层级的和平者的压力已经超过了自己的底线，所以，在重重压力之下，他们的内心和精神都处于崩溃的状态。此时的他们已经脱离了自己的害怕理念，脱离了现实，他们害怕失去，却已经连自己都已失去。

现在的他们，思想处于混乱之中，人格已经支离破碎，行为也完全不受大脑的控制。他们已经不再是一个独立的人，失去了自己人生的支撑点，就像是人生中的最后一根稻草都被摧毁了一般。

他们不再依靠他人的命令和他人融合，而依靠的是虚假的人格碎片，一些现实中找不到的思维碎片。他们依靠虚空的东西去活，一会儿认同一个碎片，一会儿认同另一个碎片，尽管这些碎片并不是他们自己，但是他们把这些碎片当作自己。他们此时此刻是可悲的，也是危险的，时时刻刻可能伤害他人，也把自己深深伤害。

他们不再去追寻他人，也不再去执着于和平，开始自暴自弃，不知道人生接下来要怎么办，他们的思想也变成了空白格，已经处于完全的自由状态，可是这个自由却使他们忘却了自己存在的意义，甚至忘却了自己。

想要成为和平者朋友的几种方法

和平者算是九种人格中最容易相处的一种人，他们很容易和他人相处，因为他们本身就很喜欢和他人打交道。而且，他们为他人做事的时候，总是尽心尽力，这也为友善交往打下良好的基础。

当他们将自己的注意力集中在自己内心的时候，就会发掘自身那强大的潜在能量和很高的智慧。他们就像是焕然一新一样，放弃自己的伪装，抛掉与人联系时的恐惧，勇敢地面对生活中的每一个人和每次抉择。他们天生的那种迎合别人的才能使自己得到满足的心理，实际上是一个使自己不能正视自己的陷阱。所以，当你想要与和平者相处，就要懂得以下几种方法。

1. 因为和平者面对抉择的时候总是犹豫不决，所以他们面对事情的时候很难有自己的立场，很容易跟随别人的观点去做抉择。所以，当你想让他们表述自己看法的时候，就像是让他们在做抉择，一定要让他们快速地讲述自己的观点，因为当他人讲述之后，他们很有可能就会改变原来的想法。

2. 他们唯恐别人对自己的话不爱听。当他们发表自己的见解时，你要做出一种很关注的样子，并让他们感觉到，你已经听到了他们所表述的要点部分，必要时，用点头示意来肯定他们的观点。

3. 无论思考问题还是做事情，他们精力都非常分散。如果你想知道他们的观点或希望他们把手中的事情做好，可以用发问的方法帮他们集中精力。

4．他们迎合别人不分场合，有时显得特别突出，像个"应声虫"，要知道他们的那种迎合是惯性的。如果他们在迎合别人，你千万不要问他们此时想的是什么，有哪些地方和你的想法不一致。

5．当你需要了解他们的真实想法和感觉时，并不能立即得到答案，必须耐着性子，创造一个合适的环境，让他们慢慢考虑。

6．要主动接近他们，承认他们。这样，他们那种怕被团体排除在外的恐惧心理也会消失，同时也会向你表示他们的友谊。

7．他们总是不善于观察自己内心，所以，总是感到迷惑，即使当他们生气了，也有可能不知道自己为什么而生气，究竟是什么原因而生气。

8．他们总是去学习一些新的知识，容易将其弄混淆。所以当你想要问问题的时候，你一定要有针对性地去提问，这样他们才有可能回答出你所讲述的问题。

和平者的职场攻略

职场关系

和平者在职场关系中的关键问题就是和谐，他们对于表达自我有一种深深的恐惧，担心表达自我会带来不和谐，所以他们总是避免表达。

和平者的职场关系主要有以下特征。

☆和平者不去表达自我，通常也会减少自己的活力和激情，因此和平性格的领导者或员工，看起来常常有点漫不经心，做事情不紧不慢，时间安排也会前松后紧，后期经常出现加班赶进度的情况。

☆和平者讨厌多变的环境，因为多变意味着不断地表达自我，而表达自我会带来很多风险，按部就班的做法会让他们更有安全感，因为他们不用去冒风险来表达自己的选择。

☆如果和平者是领导者的话，常常喜欢自己的企业目标清楚、进程清晰。在这样的环境中，他们不需要花费太多的精力去选择，不需要浪费脑力去主动思考。

☆和平者员工也喜欢这种目标清楚、进程清晰的环境。他们不需要表达自己，自己的权益就可以得到维护。另外，对于工作的方法，他们也不需要特别去思考，这些可以让他们感觉自由。

☆和平者常常觉得自己被困住了，自己被别人控制了，成了别人的工具。

☆和平者不爱发表意见，但是不代表他们自己没有想法，因为如果自己的意见被忽视，他们的内心会产生愤怒情绪。

☆和平者的愤怒常常会埋在心里，通过间接的形式表达出来，他们会选择不用心工作、拖延等方式来表达对抗。另外，在自己无法忍受的时候，也会爆发怒火。

☆和平者喜欢融入他人，他们的意见很可能就是身边人的想法。

☆和平者很容易和别人的观点产生共鸣，即使是有很多不同的观点，他们都能够比较好地理解，这样的性格使得他们非常适合成为一个出色的协调人员。

☆在团队当中出现问题的时候，和平者的参与可以稳定团队。但是他们在发现团队的问题时，通常不会提出自己的看法和建议，因为他们认为自己说了也不会改变什么。

适合的环境

和平者因为其独特的性格特点，决定了他们对一些环境能够很好地适应。

和平者适合的是那些有固定程式的环境，在这样的环境中，一切都有比较完善的安排，一切事情不用自己去操心就有固定模式，就能够有条不紊地进行。

他们不会觉得例行公事是单调的，反倒觉得这样才可以不用胡思乱想，才能真正发挥自己的创造力和激情。因此这样的工作通常是办公室中的工作，朝九晚五的生活。也可以是那些对具体的细节需要不断加以关注的工作，工作的特点简单、平静、稳定，一切都在预料之中，责权清楚，人际关系也比较简单，通常是一些稳定机构的稳定岗位。

由于和平者具备良好的协调能力，那些需要对双方冲突进行沟通的工作，也很适合他们，他们能够充分理解冲突的双方，并且能够更多地发现共同点，从而为促进稳定和谐的发展带来福音。

不适合的环境

和平者因其独特的性格特点，也决定了他们对有一些环境比较难以适应。

和平者在那些管理上独裁、人际关系复杂的地方难以有良好的表现。在这样的环境中，和平者会感觉到极大的压力，他们会感觉自己被逼迫，也会感觉到孤立无援，从而会让他们变得消极，以至抗拒应尽的责任和义务。

那些需要快速调整自己、压力比较大的工作也不适合他们，比如销售、具有较高的挑战性和不稳定性的工作，和平者会感觉有点不能适应，他们的行动力和执行力会变得比较弱，甚至会有些逃避。

另外，对那些单纯强调理论的工作，和平者也不太感兴趣，他们更希望看到具体的细节和明晰化的事物，他们更加关注的是理论和实践相结合的工作。

配合和平性格的领导者构建和谐的氛围

在和平者看来，世界上的事物都是互相联系、互为因果的，谁也不可能孤立存在，更不可能孤立干成一件事。人与人之间天生存在着一种合作关系，个人利益是在普遍利益得到保障的前提下实现的。因而在和平者的眼中，人与人并不一定非要拼个你死我活才行，曲直高低也不一定非要分得清清楚楚，莫不如用一颗互相关怀，互相包容的心对待彼此，那么所有人都会从中受益。

对于和平性格的领导者来说，他们更希望自己的机构内外和谐，并将营造融洽的工作气氛当作工作中重要的一部分，这不仅要求他们自己与他人和谐，也希望周围的人都能保持这种和谐。因此，作为和平性格的领导者的下属，你需要在平时与人的交往中保持和蔼可亲的态度，不要过度表现自己的强势和硬朗，与人为善、帮助他们营造这样一个和谐环境，才容易赢得他们的信任。

帮助和平性格的员工设定工作目标

和平性格员工的缺点是目标性差，不善于将目标分解成阶段性目标，所以他们的注意力常常被不重要的事情打乱，甚至完全忘记自己的目标。

领导者在为和平性格的员工安排工作的时候，一定要帮助他们设定工作目标。你可以告诉他们工作的任务要求，他们所承担的工作对整个项目的意义，他们的责任具体是什么，在做工作的过程中，什么东西是重要的，什么是次要的，并且指导他们思考具体的流程应该是什么，各阶段的时间把握应该怎样，这样的话，就可以帮助他们认清自己的大目标，以及各阶段的小目标。在目标清楚之后，他们的行动常常很有效率。

团体和权威对和平性格的客户的吸引力

和平性格的客户对于他人常常有很高的认同感，他们通常会融入到团体中，放弃自己的个人意志。由此可见，和平性格的客户喜欢跟随多数人的意见走，他们认为多数人的意见往往是对的，他们缺乏分析，不做独立思考。因此营销人员可以在他们犹豫不决的时候，利用别人的购买经验吸引他们，比如可以安排他们去和购买你产品的人交流，或者拿一些客户资料给他们看，如此一来，他们就会感觉自己是安全的，就会愿意购买。

和平性格的客户喜欢认同权威人物，在进行营销活动时，营销人员应该学会利用权威的力量，这样你就可以更快地取得进展。此外，营销人员还可以向和平性格的客户着重介绍产品的一些高级别的专业认证，比如ISO认证、品牌排名报告、一些知名媒体的广告等，以促使和平性格的客户对产品产生信赖感。

恋爱中的和平者

和平者的恋爱关系

和平者在恋爱关系中，常常喜欢把注意力集中在伴侣身上，与伴侣的意志融合，一切围绕着伴侣转。由此丧失自己的意志，但他们外在的顺从常伴随着内在的不满足，因为他们的内心缺乏主见，自我意志不能得到伸展，隐藏着不少矛盾。

一般来说，和平者的恋爱关系主要有以下一些特征。

☆和平者常把伴侣的兴趣爱好和需求看作是他们自己的，一切围绕着伴侣转，仿佛自己和伴侣就是一个人。

☆和平者可能因为伴侣的行动深受鼓舞，并且深深地卷入其中，但他们也可能因为很不认同伴侣，从而顽固地与伴侣僵持和抗争。

☆和平者能够轻而易举地觉察到伴侣的感觉，却很难发现自己的感觉。

☆和平者常把双方关系的控制权交给伴侣，让对方做决定，如果伴侣的决定没有产生好的效果，他们会因此而抱怨。

☆和平者总是能够强烈地感受到伴侣的愿望，并且会为实现对方的愿望而不断努力，他们甚至把伴侣的愿望变成自己生活的动力。

☆和平者一旦与伴侣交往一段时间之后，就很难放手，对于他们来说，分手就像割肉一样，因为这意味着自己认同的一部分消失了。

☆和平者即使和伴侣在一起时味同嚼蜡，也会习惯性地去保持关系，他们习惯忽视自己的真实愿望。

☆和平者如果想要摆脱与伴侣的关系，通常犹豫不决，既不想分手，又不愿好好过日子，处于不断煎熬之中。

☆和平者如果没有找到依靠，可能会不加选择地四处留情，或者参加一些活动来麻痹自己，忘记自己的真实需要。

情感不要拖泥带水

和平者的感情生活通常是模糊的，不敢大胆表达而是拖泥带水。他们总是在逃避关键的问题，而在无关紧要的东西上浪费时间，不敢直接进入主题，或者表明自己的态度。这种拖泥带水的态度一直跟随着他们的感情，令他们不能迅速果断地做出感情的决定。

因为他们的拖拉，通常会使他们丧失追求理想爱人的机会，一辈子只能和一个自己不爱的人去生活；面临现有不完美的爱情，他们总是在犹豫，把感情当作是习惯，习惯有人陪，有人在身边，只是不习惯交往的人突然从自己的生活中消失，从而丧失了生命中遇到真爱的机会。

这样的态度使得他们不仅耽搁自己的生命，也影响别人的幸福，他们拖泥带水地耗着，从来不能下一个全然的决定，这种态度实在是令人着急。因此，和平者在爱情中首要解决的问题就是拖拉。

敢于表明自己的立场

和平者为了息事宁人，总是放下自己心中的想法，向别人的意见屈服，这样他们就常被他人的意见左右，逐渐没有了自己的立场。在爱情中，他们也是如此，总是把恋人的想法当成圣旨一样供奉起来，自己的立场却不说出来。

他们以为自己这样的做法利人利己，因为自己的小损失，换来大家的真正和谐的关系，但是他们却忽视和压抑了自己的立场，常常会给爱情双方都带来很多问题，影响双方爱情的深化和发展。

因此，对于和平者来说，敢于表明自己的立场是最重要的。

他们意识不到自己表面的压抑，其实自己的内心在不断反抗，自己不真正地爱自己，也就使得自己不能够真心地去爱另外一个人，自己的付出是被动而不是主动，被动的时候自己是不幸福的，伴侣也能感受到他们没有诚意。另外当伴侣想要表达对他们的爱时，他们却不说出来自己的想法，总是一副无所谓的样子，也会让他人觉得很无趣，由于过分欠缺沟通，也会导致误会丛生。

因此，和平者要学会大胆说出自己的立场，且毫不动摇，这样，他们将不仅可以实现自己的想法，也可以赢得伴侣的更多尊重。

洞察和宣泄自己的愤怒

和平者本身通常会为了和伴侣和谐相处，不断地忍让自己的伴侣，把自己的想法压抑下去，表面上他和自己的伴侣风平浪静，但是内心里却已是波涛翻滚，这样的情况只会给双方关系埋下隐患，也会在长期的生活中，给双方都带来很大的伤害。

所以，和平者应该学会洞察和宣泄自己的愤怒，这样才能真正认识自我，想问题、做事情才能真正拥有自己的角度，才能作为一个独立的人参与到双方的关系中，这样也才能形成真正和谐的关系。

当和平者遇到情绪困扰时，不妨找老师、同学或亲朋好友，向他们倾诉自己的积郁情绪。除了倾诉的方法，还可以选择很多方法来宣泄情绪。比如：如果喜欢运动，可以在生气和郁闷的时候拼命跑步、使劲打球，或者打沙袋——把气你的人想象成沙袋；如果喜欢音乐，心情不好时可以听听让人愉快的音乐，音乐会把你带入另一个时空，然后会发现让你不快的事情已经没有那么严重了；也可以到歌厅里去吼几嗓子，你的不快情绪会随着你的歌声冲上云霄；另外，到大自然里也是使人心情舒畅的办法之一。

给和平者的建议

和平者对别人表现出来的顺从令人难以想象，为了让所有人和睦相处，就强迫自己做应该做的事，而不是自己想做的事。一再地压抑自己内心的需要，把自己放在最后考虑的地位，不管何时别人需要自己都会义无反顾地上前。但是想想看，如果你总是陷在对别人的过分顺从中，就难以从日常琐事中抽出身来，就没有精力做好真正的自己，连自己都做不好还怎么伸出手去帮助别人呢？

学着用快乐的心态走进生活和工作，多一些活泼和洒脱，多接触你身边的世界，感知自己的需要和情绪，让自己更多地成为生活的中心。

虽然你非常希望世界的和平与和谐，不想因为任何人破坏了整体的稳定，尤其是自己。但不可否认的是，你也会有焦虑，你也会被这些负面情绪所影响，这样的状态下你很难再维持一个良好的协调者的形象，而妨碍人与人之间的和谐又是你不希望的，所以只能允许自己把心里话说出来，不发泄自己内心的焦虑就很难恢复到常态，这样连你都遭遇了烦恼还怎么协调别人呢。

体育锻炼是个不错的集中注意力、提高身体敏锐程度和协调能力的方式，通过有规律的运动，会让你增加对自己感觉和情绪的敏锐度，从而拓展到其他领域，帮助你更好地适应多彩的生活。

长期的协调工作会让你的情感备受压抑，从而带动一系列身体反应和焦虑情绪，不要害怕，这些都是因为长期压抑造成的，只要能够适度的放松，再寻求一些别人的帮助就会很快恢复。

你压抑自己的后果可能一时还体会不到，可能当你的生命接近尾声时才蓦然发现，原来你一直在为别人而活，从未真正站在自己的角度考虑自己的需要，没有一天在为自己而活，这是多么可悲的事情，相信没有人愿意这样。所以从现在开始去好好生活吧，把自己的时间用在多做一些有意义的事情上，不要再委曲求全地过不属于自己的生活了。